安保法制と自衛隊

これからの自衛隊は
どう変わるべきか

元自衛隊空将
南西航空混成団司令
佐藤 守

JN176186

青林堂

はじめに

尖閣諸島での領空・領海侵犯や東日本大震災などを経て、日本人の自衛隊に対する認識は「憲法違反の存在」程度から「なくてはならない存在」へと大きく変わりました。

そして多くの国民は、自衛隊が「国民の生命と財産を守る」あるいは「領土・領海を守る」ためにあると素直に考えているようです。しかし、これらは一義的には「警察や消防、海上保安庁」の役目だというべきではないでしょうか。

自衛隊法第三条では、自衛隊の主たる任務を「我が国の平和と独立を守り、国の安全を保つため、直接侵略と間接侵略に対し我が国を防衛すること」と定めていますが、守るべき「我が国・日本」とはどのような国なのか？　日本の「平和と独立」とはどのようなことなのか？　それらを守る究極の目的は何なのか等についてはあまり論議されていません。

かつて三島由紀夫は「文化防衛論」で、自衛隊は我が国古来の文化と伝統を守るべきであり、究極的には「皇室」を守るべきなのだと主張しました。

また「大東亜戦争」は、仮に共産主義国などの〝謀略〟に引っかかったものであったにせよ、欧米諸国の植民地支配からアジアのみならず世界の有色人種を解放する「聖戦」でした。つまり、大日本帝国陸海軍とは、人類の歴史の中で唯一、「搾取と愚民化・奴隷化を目指してアジアにやって来た欧米からの遠征軍」と戦ってこれを撃退し、自らも散華した〝正義の軍隊〟だったといえるのではないかと思います。

戦後、自衛隊が創設されましたがその目的は、アジア解放に尽力し、最後まで日本国の国体を解体せんとした連合軍に抵抗した旧軍とは「無縁」な存在として創設されたといわれています。果たしてそうでしょうか？　それとも旧軍の「延長線上にある」存在なのでしょうか。

ここでは、これらを踏まえた歴史的な視点と、私の三十八年間（防大を含む）の現役時代の個人的な体験から、自衛隊は「何から」「何を」守らなければならないのか、について考えてみたいと思います。

目次

目次

序　国家とは、国防とは何か？

「国家」とは、通常「一定の領土とその住民を治める、排他的な権力組織と統治権を持つ政治社会」だとされています。

集落が徐々に拡大して「村」になり、「町」に発展すると、そこにはどうしても社会秩序を維持する機能、つまり組織化が求められます。

アメリカの開拓史を物語にした「西部劇」では、モラルのない拳銃使いが幅を利かせ、コツコツと働く民をかどわかし、牛馬はもとより、開拓民の血と汗の結晶である土地までも奪う悪人集団が蔓延《はびこ》り、正義の火は消えかけますが、そこに忽然《こつぜん》と現れるのが巧みに拳銃を操る「正義の味方」です。

彼が悪人どもを一掃すると、民衆は彼に街の〝防衛〟を依頼します。米国人の価値基準が「ジャスティス（正義）」にある理由がよくわかります。

中には一件落着後、格好良く去って行くシェーンのようなヒーローもいますが、大概街の〝弱者〟のために「保安官」として盗賊団を追い払う任務に就きます。つまり、治安維持の任務に就くのです。

こうして街はどんどん発展して国になりますが、今度は言語も文化も宗教も異なるため、相互に利害が対立する「外国」が相手になります。そこで組織化された「国」は、国民からそれぞれ相応《ふさわ》しい額の税金を徴収して、外国からの侵略に備えるための実力組織としての軍隊を整備し、万一の際には国民を動員して戦うのです。これが前述した「排他的な権力組織と統治権を持つ政治社会」のことです。

これをわかりやすく説明して、国家とは「領土」と「国民」と「主権」という三要素を持つ組織だといわれるのです。

米国は言わずもがな、日本以外の国家はみなこの三要素を堅持していますが、戦後の我が国はどうでしょうか？

まず「領土」ですが、北方領土は終戦後もソ連（現ロシア）に不法に占領されたままであり、力がない政府がいくら「呼び戻そう」と呼びかけても、戻ってくる様子はありませんから、国民、特に追い出された住民たちは怒りの持って行き様がなく、あきらめかけています。

島根県の竹島もそうです。大戦中は日本国でしたから〝日本国民〟であったはずの韓国人は、日本軍が解体されたことを喜び、初代大統領になった李承晩《イ・スンマン》は一方的に国境線を変更して竹島を自国領土だと言い張りました。しかし当時の日本政府は占領下だったため手が出せず、その後も適切に処置しようとしなかったため、とうとう逆に韓国に実効支配されてしまい、今では韓国軍が駐屯して韓国領土化されています。

他方、「国民」はどうでしょう？

北朝鮮に組織的に拉致された我が同胞は、百人以上だと言われていますが、平成十四年九月に訪朝した小泉首相が、金正日総書記に拉致の事実を認めさせ、謝罪させたにもかかわらず、数名が帰国したのみでいまだに〝交渉〟が続くという異常な事態を招いています。

わが政府には実力で奪い返そうとする意気込みさえ感じられません。拉致被害者のご家族の心中は察するに余りあります。国に税金を納めても守ってもらえないのですから……。

次に「主権」はどうでしょう？　私は三十四年間、航空自衛隊の戦闘機乗りとしてスクランブル任務に就いてきましたから、少なくとも日本の空に関しては、「対領空侵犯措置任務」が生きていることを知っていますが、地上は別にして、海上はどうでしょうか？

実は航空自衛隊が監視し続けている「領空」とは、距岸十二マイル（約二十二㎞）の領海上空に引かれた仮想のライン（国境線）内の空域であり、その仮想の国境線の外側に設定した線内を防空識別圏（ＡＤＩＺ）と称します。

航空自衛隊はこのライン内を二十四時間監視しているのですが、問題はその基準となっている領海内に平然と他国籍の船が出入りしていることです。

勿論《もちろん》航海の自由原則があり、我が国は島国の貿易国ですから、海上における取締りは航空とは一種違ったものがあるにしても、尖閣で起きたような事案や、二〇一四年一〇月の末頃から、小笠原諸島や伊豆諸島の海域に多数の中国漁船が押し寄せてきて、貴重な赤珊瑚を密漁したような事件は、少なくとも海上保安庁が絶対に阻止しなければならない事案の筈《はず》です。

それは「主権」が侵犯されているからです。しかし海上保安庁は一万二千人程度の規模の組織に過ぎませんから、この広大な海域を保有する我が国に対する不法行為を取り締まるのは、不可能に近いでしょう。ならば海上警備と防衛を担当する海上自衛隊が出動すべきでしょうが、諸国の公正と信義を奉ずる我が国政府は、まともに対応しようとはしませんでした。

もう一度繰り返しますが、国家とは「領土」「国民」「主権」の三要素を持つ、「排他的な権力組織と統治権を持つ政治社会」ですから、極言すると我が国の実態は「国家とは言えない存在」だということになります。

「国防」とは「国を守ること」です。しかし先述したように現在のわが国は、国家の体をなしていないといえます。これではいくら今の若者たちに「国を守る」ことの意義や重要性を説いても理解不可能でしょう。既に「国家」たるべき「三要素」を戦後の我が国政府は、ほぼ完全に無視してきたのですから……。

国民に絶対的な支持を受けて内閣を組織した安倍首相は、「日本を取り戻す」と宣言しました。では安倍首相が言う「国を取り戻す」とは、どういう意味なのでしょうか？

保守派の論客として有名な中西輝政教授は「靖国」に、この安倍首相の発言の意味する所は、1、領土（国民）を取り戻す　2、歴史を取り戻す　3、自主・主権・独立を取り戻す、ということだと書いています。

國武忠彦・昭和音大名誉教授も、「戦争が起こっても逃げ出すつもりの若者が増えて好ましいことだとある若い社会学者が言った」が、小林秀雄が「銃をとらねばならぬ時がきたら、喜んで国のために死ぬであろう」と言ったことを取り上げて、「学問とはこの覚悟と連なるものだ。自らのこととして思うことから、責任感が生まれるのだ」と書きました。

米国の映画「アニーよ銃をとれ」ではありませんが、では銃を持ち日々訓練している自衛隊員らは何から何を守るために銃をとるのでしょうか？　つまり、小林秀雄が言った「銃をとらねばならぬ時」とは、彼らにとってはどんな時なのでしょう。

第一章　自衛隊は「何から何を」守るのか？

（1）自衛隊の任務とは

わが国の自衛隊法第三条には、自衛隊の使命は「我が国の平和と独立を守り、国の安全を保つため、直接侵略及び間接侵略に対し、我が国を防衛することを主たる任務とし、必要に応じ、公共の秩序の維持に当たる」と明確に規定されています。

しかし、「平和」と「独立」を守るとは一体どういうことなのでしょう。これさえ守れば我が国は「安全が保てる」のでしょうか？

「直接侵略」「間接侵略」とは、平たく言えば「戦争」と「内乱」のことですが、これに対処することが、わが国を防衛することになるのでしょうか？

今年大きな話題になったいわゆる安保法制審議で国会は混乱しましたが、そのもとになった「集団的自衛権」問題を見るだけでも、与野党ともにそれぞれ自分に都合がいい例を説明するにとどまっています。彼らは「国家防衛」やそれに従事する「自衛隊の任務」とはかけ離れた、空想的防衛論に終始しているように私には見えてなりません。

（2）自衛官の服務の宣誓

　では一朝有事の際に銃を持って立ち、国を守るべき使命を持つ自衛官には、普段から何が要求されているのでしょうか？

　自衛隊法施行規則第三九条には、自衛官になる時「私は、我が国の平和と独立を守る自衛隊の使命を自覚し、日本国憲法及び法令を遵守し、一致団結、厳正な規律を保持し、常に徳操を養い、人格を尊重し、心身を鍛え、技能を磨き、政治的活動に関与せず、強い責任感をもつて専心職務の遂行に当たり、事に臨んでは危険を顧みず、身をもつて責務の完遂に務め、もつて国民の負託にこたえることを誓います」と宣誓することが義務付けられています。これは「公的に死を自らの意思で受け入れること」を〝自覚して誓う〟以外の何物でもないでしょう。

　しかし今回の安保論争では、野党側は「自衛官のリスク」を追及しました。それに対して安倍首相は「自衛隊は危険地帯に行かないのだから、リスクはない」と答弁しました。

　二十年前のPKO法案制定時にも「派遣先は危険地帯ではない」と強調されて出発した経緯がありました。ということは、自衛隊は世界の紛争地には派遣されないということですから、これほど〝安全〟な仕事はないということになるでしょう。

しかし、前に述べた「自衛官の宣誓」文に照らして、これほど矛盾したことはありません。政府は「専守防衛」に徹するあまり、どんどん墓穴を掘っているという気がしてなりません。

事実、自衛隊が海外派遣されると決まった時、「契約違反だ」として退職した自衛官がいます。今では、いわゆる〝反戦自衛官〟として、左翼陣営に利用されているようですが……。

さてそこで、宣誓文にあるように「自衛隊の使命を達成する」には、「身を持って職務の完遂」に努めなければなりませんが、ここでいう職務とは法に定められた「自衛隊の使命」でしょう。では、応えるべき「国民の負託」とはなんでしょう？

一般的には「国民の生命と財産を守る」とされていますから、言い換えると「他人様の命と財産」ということになるのでしょうか？

だとすれば自衛官は、ダッカ日航機ハイジャック事件の時に当時の福田赳夫首相が言った、「地球より重い筈《はず》の自己の生命」を、国民の負託に質入れして禄《ろく》を食《は》むものか？　という疑問がわいてきます。つまり、我が生命を他人様のために「担保」に出すということは尋常ではなく異端なことではないのでしょうか？

しかし宣誓した以上自衛官は、その尋常ではない仕事に就くことが要求されているのです。

武士道精神の代表とされる『葉隠』（一七一六頃）には「武士道とは死ぬことと見つけたり」とあります。つまり、国は、人様のために命を投げ出す自衛官だけは「二十一世紀に生きるサムライであれ！」とでもいうのでしょうか？

しかしそうであるならば、そんな危険に身をさらすことを誓って入隊してきている自衛官に対して、政府はそれを受け入れる素地、つまり「誇りある名誉＝名誉の戦死」を与えるべきでしょう。だから先の陸上自衛官は「契約違反だ」と言って去ったのでしょう……。

（3）国の命令に従って戦場で散った英霊は〝無法な殺人者なのか？〟

しかし、残念ながら現状を見ていると、過去の大戦において国の命令で出征して無念にも戦場に倒れた多くの英霊方を祭る靖国神社には、総理が先頭に立って参拝していないではありませんか。つまりこのことは国のために散った英霊方に対して国は感謝するどころか、名誉の戦死者であると評価していないことを意味します。

それればかりか参拝を継続した小泉首相でさえも、英霊を心ならずも〝侵略して他国民を殺害した犯人〟でもあるかのように表現し、かつての敵国である支那に気を使っているではありませんか。愛する家族を捨てて、国の命令で戦場に赴いた英霊方を、まるで無法者か、殺人者扱いして恥じない有様です。これが「国が取るべき仕打ち」なのでしょうか？

この一例を見ただけでも国は、自衛官の死後も同様に蔑むであろうことは容易に想像がつきます。覚悟して入隊している自衛官個人の〝死後〟については我慢するにしても、自分たちの死後、自分たちばかりか残された家族に対しても国が同様な仕打ちをするであろうと予想される以上、人間としてやりきれない、痛切な無念の気持ちが潜在するのです。

それは、特攻隊で散華した関行男大尉（最終階級は海軍中佐）の例を見れば明らかでしょう。

昭和十九年十月、関大尉は母親を残して特攻攻撃に出撃しました。母は、戦中は軍神の母として奉られましたが、戦後は一転して日陰の身になります。しばらく草餅の行商で生計を立てていましたが、昭和二十八年十一月九日に急死するまで、地元中学校の用務員でした。享年五七歳、天国で母上と再会した大尉はどんな気持ちで苦労を掛けた母を迎えたことでしょう。一方、特攻生みの父とされた大西中将夫人も、七九歳で中将の傍に召されるまで、特攻隊員の墓守として生き抜きました。

この様な事実を知れば、政治家がいくらきれいごとを言おうとも、信じられなくなるのは当然でしょう。「事に臨んでは身の危険を顧みるな」と命じた国家（政治家）は、命令に従って行動して殉職した隊員たちに対して「犬死ではない大義を与えて死を意義付けてやる義務」があるのではないでしょうか？

しかし、私には、その資格が〝一般人出身政治家〟に在るのかどうか大いに疑問を感じているのです。

大義とは「人がふみ行うべき最高の道義。特に、国家・君主に対してつくすべき道」とされています。しかし現状を見る限りにおいては、指導的立場にあるはずの政治家らにその片鱗さえも感じられませんから、そこに「シビリアン・コントロール」という意味不明な?言葉の元で、やみくもに彼らの命令に従っていいのかどうか、という疑問が生じます。

第二章　戦後民主主義と自衛隊

（1）防大入校後のガイダンス

私は昭和三十四（一九五九）年四月に、防衛大学校に第7期生として入校しました。つまり防大創設七年目に採用された一人です。

当時は漸《ようや》く戦後が終わりかけていた頃でしたから、一年生の時の「ガイダンス」という課業で、「敗戦後生まれ変わった民主主義国（主権在民）日本の自衛隊は、何から何を守るべきか」という課題が付与され、自由討論する機会がありました。

「ガイダンス」は中隊指導官（3佐）の指導で実施されるのですが、指導官は旧陸軍出身者でしたからほとんど発言しません。1個中隊の一年生約三十名が集まり、自由闊達《かったつ》な意見交換をするのです。指導官は「民主主義制度は、国民の選挙によって選ばれた多数派の政党が政権に就く仕組みになっている。その選挙で共産党政権が生まれた時、自衛隊はどうあるべきか？」という設問を出したのです。

現在も、天皇が臨席される国会開会式典に共産党は出席してはいませんが、知ってか知らずか今の国民は、共産党に対してさほどの嫌悪感は持っていないようです。しかし、当時は共産党と言うと、国家革命の首謀者的印象が強く、私はあの凶悪なスターリンを想起しましたから

著者在学当時の防衛大学校全景（上）と夜景（下）

私は彼らの支配下に入ることには絶対反対でした。

司会を務めている同期生が、「命令に従うべきか、それとも命令を拒否すべきか」と切り出しますから、私は当然「従わない」と答えます。しかしほとんどの仲間は、民主主義だから、国民が支持した多数政党の指示に従うべきだ、と答えるのです。司会者が「従わない理由を述べよ」と私に言いましたから、私はこう答えました。

「民主的な手法であるとはいえ、今まで保守政権である自由民主党が支配してきた社会が、時の流れでいきなり左翼政権になれば、国家防衛を担う自衛隊の〝脅威〟は、一夜にして「ソ連からアメリカ」に転換されることになる。国防の任に当たる自衛隊は、選挙ごとに国家防衛戦略が大きく転換することに果たして耐えられるのか？」

討論は次第に白熱化して、「民主主義制度に従わないというのなら佐藤学生は、民主主義下に在る自衛隊の幹部として不適格である。制服を脱ぐか！　それとも共産党政権を倒すか？どっちだ！」と言うことになりましたから、私は「スターリン政権の実態を見ればわかるように、制服を脱いでも反対派はＫＧＢに必ず処分される。だから一人になっても戦う。第一日本人でありながら、戦時中は敵国に逃れて、敗戦後にのうのうと帰国して〝熱弁〟を振るうような共産党幹部らは信用できない」と答えたのですが、指導官は一切助言も反論もしません。同期生だけが、私を非難したのです！

私が共産主義を嫌うわけは、三島由紀夫の「文化防衛論」（一九九六年刊）にもあったように、「共産主義は、美名を以て人間をたぶらかす＝偽善主義」であり、「自由な未来に向かって人間を唆す毒素」であると信じていたからでした。

戦後ＧＨＱの指示で復活した共産主義者（コミンテルン信奉者）に、私は全く〝人間性〟を感じませんでした。それは私が生まれた樺太はじめ北方領土をどさくさに紛れて略奪し、六十万以上の我が将兵を不法にもシベリアに抑留して恥じない共産主義の代表である当時のソ連を見れば明らかでしょう。ですから私には意見を取り下げる気はさらさらありませんでした！

そういうことで私は当時から「福岡の右翼」だとか、「軍神」などと呼ばれていましたが、剣道部員として活動している身にとっては〝勲章〟だと考えていました。

最近出版された西尾幹二著『西尾幹二全集　第十一巻　自由の悲劇』（国書刊行会）にはこうあります。

「日本では左翼と呼ばれる言論人も左翼政党も、ソ連型共産主義は否定してきた。しかし悪いのはスターリンであって、共産主義思想ではないと言い張っていた。歴史は失敗したが思想は失敗していない。じつはそういう言い隠れは二十年も前から準備されていた。『新左翼』と呼ばれた運動がそれである」

現在のわが国の政治が混乱している背景を見れば、西尾氏の指摘は正しいでしょう。

私の最後の勤務地であった沖縄の問題がそれを証明しているように思います。何だか、彼らの主張は、私が防大1年生であった昭和三十四年時代から少しも進歩していないように感じますから、私の危機感が正しかったことを証明しているように見えて滑稽に思えます。

今や二十一世紀、冥王星の克明な写真が手に入る時代です。彼らの時代遅れの主張に付和雷同している方々の気持ちが窺《うかが》い知れません。戦後民主主義の限界ではないでしょうか？

（2）戦後民主主義の落とし穴

戦後民主主義とは、いわば占領軍（ＧＨＱ）が押し付けたものに過ぎず、我が国には我が国らしい民主主義が定着していたと思っていた私は、むしろ衆愚政治による独裁が始まることを怖れていたのです。

当時の私は高校を卒業した若輩者に過ぎませんでしたが、民主主義といえるかどうか知りませんが「ドイツにヒトラーが誕生した時の政治システムをふり返ってみれば、誰にも理解できるはずだ」と考えていました。ヒトラーは、「民主的」選挙システムを利用して政権を握るやドイツ国民に対して恐怖政治を敷いたじゃありませんか。

やがてドイツ国民のみならず、欧州戦争を引き起こし、第二次世界大戦に拡大させて人類を不幸のどん底に引き摺り込みました。

これこそが第二次世界大戦の教訓の一つとして反省されるべきものであって、占領軍が押し付けた憲法の下での「米国式民主主義」などは評価するに値しないと思っています。

その落とし穴が表面化したのは、平成六年六月三十日に、当時左翼の集まりだった社会党の村山富一氏が首相になったことでしょう。選挙によって社会党が選ばれたわけではないのに、弱体化した与党の非常識でこんなことが起きたのです。

当時、防衛庁の機関紙「防衛ホーム」はこう書きました。

《『三矢研究』のころに比べて日本も世界も大きく変わった。平成六年、村山富市氏が内閣総理大臣に就任して社会党も大変化した。「自衛隊違憲」「日米安保体制反対」「米軍は日本から出て行け」などが国防に対する三大柱だった。それが突如、村山首相（社会党委員長）が「自衛隊は合憲」「日米安保体制容認」とこれまでの柱を切り倒してしまったのである。これには社会党を応援してきた人たちもア然となった。だが、それが〝時代の流れ〟というものであろう》

しかしこの時の村山首相は、己の主義主張を撤回して「自衛隊は憲法違反じゃない」と言い募り、平然と政務をこなしましたから、むしろ私はその信念のなさに愕然《がくぜん》とし、実に見苦しいと感じたものです。

そして結局今の政治家らは自己の信念ではなく、時の流れに乗って食いつないでいるだけだ、つまり彼らは政治を生業にしているだけだと確信したのです。

このことを防衛ホームの記者は〝時代の流れ〟と表現したのでしょうが、むしろ我が国の政治形態とは、民主的選挙制度などとは無関係な低次元のものなのだ、というべきではないでしょうか？

ヒトラー政権も、村山政権も国政が大きく乱れた結果の産物と言っていいでしょう。

ヒトラーが政権を奪取した背景には、第一次世界大戦で敗戦国となったドイツの困窮があるのは理解できますが、よく観察すると政治家らの権力闘争が原因だったといえるでしょう。勿論、当時一番恐れられていた共産主義という魔物の蔓延《まんえん》に対する国民の恐怖が、国内外の情勢を見誤る結果を招いたのだと私は思っています。

一九三三年一月三十日、ヒンデンブルク大統領によって、ヒトラーは首相に任命されたのであり、我が国で一般的に言われているように、総選挙で第一党に選ばれたナチス党の党首として自動的に首相になったのではないのです。ワイマール憲法では「首相や大臣の任命権は大統領の専権事項だった」からです。

大日本帝国憲法下における戦前のわが国の首相は、「首相経験者やそれに準ずる有力政治家の談合によって選出（「国体文化」二十七年六月号）」されていましたが、元老が天皇の補佐役として首相選択に大きな役割を果たしていました。この方式は元老は「天皇の股肱の臣として」大きな責任を持っていましたから、選ばれた首相次第では二・二六事件のような、若手将校の反発を招く危険性もありましたが、絶対的な天皇の御存在がそれを許しませんでした。そのわけは、大日本帝国憲法制定時において、「政党政治を全く想定していなかったから内閣総理大臣の選出について全く規定されていなかった（同）」とされています。

戦後の〝新憲法〟下では、第一党の代表が党員の選挙で選ばれ、議会が示すことになってはいますが、政治家自体が〝小粒〟になり、国家のことよりも自分の利にさとい者が現れる傾向が強くなっています。そう考えると「現行憲法は体裁を取り繕っているだけで、本質的な差はない（同）」といえるでしょう。そう考えると、明治憲法下における首相選出方式の方が明快で国民に納得されやすいといってもいいと思います。

当時のドイツでは手元の資料を見るだけでも、ナチス党（「国家社会主義ドイツ労働者党」・通称ＮＳＤＡＰ）の得票数の変化は、次の表のようでした。

（選挙日	得票数	得票率	当選数）
一九二八年五月二十日	八一万	2・6％	十二人
一九三〇年九月一四日	六百四十一万	18・3％	百七人
一九三二年七月三十一日	千三百七十五万	37・3％	二百三十人
一九三二年十一月六日	千百七十四万	33・1％	百九十六人
一九三三年三月五日	千七百二十八万	43・9％	二百八十八人
一九三三年十一月十二日	三千九百六十五万五千	92・2％	六百六十一人

実に、五年間に大統領選挙、二回の総選挙、地方選と四回の選挙が行われたのであり、敗戦後のドイツ国内政治が如何に乱れていたかが理解できます。而も選挙では、いずれも過半数を獲得できなかったため、党財政の逼迫《ひっぱく》などでナチス党内はまとまっていませんでした。当時のドイツにはリーダーがいなかったということでしょう。

ところが翌一九三三年一月までの三十日間に大逆転現象が起きています。それは権力維持を模索していたシュライヒャー首相（国防相）、権力の座に返り咲こうと模索していたパーペン前首相（カトリック保守派）、無為無策の権威主義者ヒンデンブルク大統領の三人が引き起こすのです。

この三人は、ナチズムに対して全く無知で、無節操でした。特にシュライヒャー首相とパーペン前首相との駆け引きは根強く、自己の利益を求めて両者共、人気が高まりつつあったヒトラーを懐柔して自陣に引き込もうと画策していたのです。

こう見てくると、第一次世界大戦の敗北で困窮したドイツ国民の前に忽然《こつぜん》と出現して圧倒的な支持を得たヒトラー総統……というイメージは薄くなってきます。

そして戦後最も極悪非道な〝狂人〟が突如現れてユダヤ人を大虐殺し、ドイツ国民を不幸のどん底に落としいれた……などという「ドイツ国民性善説」も怪しくなってきます。ドイツ国民にもこのような〝妖怪〟を指導者に選んだ責任があります。

もう一つ気になるのは、ヒトラーというヒンデンブルグ大統領に言わせれば「ボヘミアの伍長」に過ぎない男がどうしてドイツ政界に入り込んだのか？という疑問です。現実にはドイツの指導者とは縁遠いオーストリア・ハンガリー帝国生まれの一画学生？で、弁舌さわやか、カリスマ的魅力を持つ……などと後世では評されていますが、彼らナチスの掲げる政治目的に騙された当時の政治家らの責任が大きそうです。

一九三二年にドイツ国籍を取得しますが、そのやり方は一九三二年二月二五日に党幹部ヴィルヘルム・フリックの手配により、ブラウンシュヴァイク州の「ベルリン駐在州公使館付参事官」となったからですが、彼は「公務員になれば自動的にドイツ国籍が与えられる」制度を利用したのです。そして大統領選挙に出馬しました。

我が日本国は「国籍を取得するのが非常に簡単な国」だといわれていて、すでにかなりの〝日本国籍保有者〟が政界で〝活躍〟している点でも、何か共通する不気味さがあります。

ヒトラーに関する書籍は豊富にありますから、これ以上は省略しますが、私が言いたいことはこの様な政治的現象は我が国でもいつ起きてもおかしくない状況下にあるということで、前述した村山政権誕生は、これに酷似しているということです。

平成五（一九九三）年六月十八日、内閣不信任案が賛成二五五票で可決成立し、衆院は解散します。ほぼ同時に自民党から十人の離党者が出て、「新党さきがけ」を結成、二三日には羽田派四十四人が離党して「新生党」を結成します。

七月の第四十回総選挙では自民党は二二三議席、社会党七〇、新生党五五、公明五十一、日本新党三五、共産一五、民社党一五、さきがけ一三、社民連四、無所属三十という小粒政党が乱立します。そして宮沢首相が退陣を表明し、河野洋平氏が自民党総裁に選出されます。ところが驚いたことに、元社会党委員長だった土井たか子氏が衆院議長に選ばれ、細川護熙《もりひろ》氏と非自民六党が連立を組んだ内閣が成立したのです。

ドイツでナチス党が誕生した時と同じような経過を踏んでいるように見えませんか？　もっともレベルは低そうですが、双方とも所詮政治の世界です。

こうして日本新党という、国民から殆ど支持されていない少数政党が、他の泡沫政党と合体して日本の政治を取り仕切ったのですから、戦後民主主義下の選挙制度は破たんしたと私が感じたとしてもおかしくはないでしょう。

戦後民主主義とは、恐ろしいことに、主権を持つ国民の意思にかかわらず、その時々の風向きで変化することを証明したのです。なんと危険なものなのでしょう！

そしてその後一年もしない平成六（一九九四）年四月二十五日に、細川首相が佐川急便から一億円借金していたことが報じられるや、彼は無責任にも突如政権を放棄しました。

その後の政界〝再編成〟の醜態さは省略しますが、二十八日に新生党の羽田内閣が跡を継いだものの政界は乱れに乱れてまとまらず、経済企画庁長官が「戦後最長の不況」と発表するなど、経済もマヒします。

遂に就任二カ月足らずの六月二五日に、進退窮まった羽田内閣が総辞職すると、政権復帰を画策する自民党が、社会党を巡り連立与党と協議するなど、国家の行く末など放り投げて自己保存を図ろうとする見苦しい闘争が展開されます。

尤《もっと》も彼らは「国家国民のために」と言い訳するのでしょうが、自民党総裁の河野洋平氏が社会党委員長首班の連立政権を打診し、自社さ共同政権が合意されたのです。つまり、水と油の合成に成功したのですから、彼は「ノーベル化学賞」ものでした。

しかし、自民党総裁経験者の海部俊樹、中曽根康弘氏が「社会党委員長を首班に支持できない」と主張し、六月二九日に首班指名が行われましたが、衆議院で過半数に達せず、決選投票となった結果、村山富市氏が指名決選投票で海部氏を破って内閣総理大臣に指名され、自社さ連立政権内閣が発足したのでした。

こんな愚かしい政界の流転を現役時代に体験した私は、シビリアン・コントロールの限界を思い知りました。ヒトラーの政権奪取法と異なっていたのは、軍（自衛隊）が政治的に中立を保っていたからですが、その点が、ドイツと日本の大きな違いだといえるでしょう。しかし今のままではきわめて不都合であり危険です。憲法を変えて、軍はドロドロした政治から離れ、天皇および国体に忠節を誓い、極めてご都合主義的な衆愚政治から離れた、超然とした立場にあるべきだと思うのです。

つまり、同じ人間の行為であるにせよ、わが国には、明治天皇が起草された「教学聖旨」（一八七九年）がありました。「聖旨」とはいわば「天子の考え、命令」のことで、代々日本国を収める万世一系の天皇の命令ということになります。

聖旨には「仁義忠孝ヲ明カニシテ智識才芸ヲ究メ以テ人道ヲ尽スハ我祖訓国典ノ大旨上下一般ノ教トスル所ナリ」とあります。これが諸外国との大きな違いであって、例えばヒトラー政権の道を開いたヒンデンブルク大統領もプロイセン王国のユンカー出身ですから名門の出ではありますが、彼は第一次世界大戦でロシア軍に大勝して一躍英雄となり大統領になったのですから、私には「覇道」と「皇道」の違いが覗えます。

聊《いささ》か話は変わりますが、終戦をまとめるために苦労した時の外務大臣・東郷茂徳《しげのり》は御聖断を下された昭和天皇について、遺稿にこう書き残しています。

「本事項処理（終戦処理）につき、最初より最後まで信頼し得たるは、陛下のみなりと言ふも過言に非ず。閣内にても宮中にても、時折ぐらつきありたるも、陛下のみははっきりした気持ち。予の生涯中、かく程立派なる人格に接せることなく、歴史にも尠《すくな》し。

外の人には皆相当の懸引きを感じて、こちらも其れに対処する気持ちになることがあったが、陛下のみは純心。但し祖家に対する責任と国民を思ふ念に終始せられたと感じた」

終戦時の先帝陛下の次の御製に、その時の陛下の御心境がよく伺えます。

爆撃にたふれゆく民の上をおもひいくさとめけり身はいかならむとも
身はいかになるともいくさとどめけりただたふれゆく民を思ひて
国がらをただ守らんといばら道すすみゆくともいくさとめけり

家系図によれば、東郷茂徳の父・朴寿勝は、豊臣秀吉の朝鮮出兵で捕虜になり、島津義弘の帰国に同行した朝鮮人陶工らが住んでいた集落出身で、優れた陶工で実業家だと言われています。その後士族株を購入して「東郷」を名乗りました。妻はドイツ人。彼のような立場の者でも陛下には心酔していることが窺えます。A級戦犯として巣鴨に収監中、病没、享年六十七歳。仕えた昭和天皇は当時四十五歳でした。

彼の遺稿は、陛下は国民のために常に無私の精神で事に当たられているということを示していますが、これは「四方の海皆同胞」とする国柄がもたらす「包容力」によるものでしょう。ですから当時の日本国民は、その出自を問わず皆、陛下に身も心も投げ出す覚悟が出来たのです

（3）防大創設：将校ではなく「紳士を養成？」

私が、不法な李承晩ラインに苦しめられている福岡漁民を救うため？に意を決して入校した防衛大学校は、戦後の反省から「陸・海」軍を統一して創設された画期的な軍学校と考えられていましたが、創設時の新聞報道では例えば昭和二十八年二月二十五日の毎日新聞のように**「陸士・海兵色を一掃」**して**「紳士を作る保安大学校＝教育課程の大綱決まる」「卒業後は学士様」**などと報道されていました。

「紳士」を養成するのであれば一般の国立大学などで十分なはずですが、わざわざ「防衛庁が管轄」する保安大学校（現・防大）が〝紳士を養成する〟というのであれば、国立大学では「紳士」が養成できなかったということでしょうか？

冗談はさておき、それほど当時は「軍学校復活」を怖れていたから新聞は軍学校ではなく、紳士と言う言葉を強調したのでしょう。あるいは創設間もない保安庁（防衛省の前身）が政治問題化しないように強調したのかもしれません。

では、「紳士養成学校？」として設立された保安大学校の槇智雄《まきともお》初代学校長はどのように創設目的を理解していたのでしょうか？

手元に昭和四十年四月に発行された「防衛の務め＝防衛大学校における校長講話＝（甲陽書房、一九六五年）」があります。その中に第一期生入校式における校長訓話があります。

その中で槇校長は「均衡の取れた人、民主主義を理解する人」と題してこう語りかけていま す。

《本日第一期生をむかえましたことは、事実上の本大学校の発足であり、われわれ一同は心よりの喜びを禁じ得ないのであります。この大学校が将来有能にして忠誠なる多くの人材を輩出して、かがやかしい歴史を作るものと確信いたしますが、もしこのような想像が許されるならば、本日の入校式は真に意義の深いものでありまして、今日の機会に遭遇したお互いの幸運をよろこばずにはいられないのであります。（中略）

その堅い決意と誠実に対して心強い信頼の念をいだくものでありまして、四ヵ年の課程を終了して保安官並びに警備官（当時は保安庁法の下の保安大学校であり、陸は保安官並びに海は警備官と呼ばれていた。空は生まれていなかった）たるの初志を貫徹されんことを期待するものであります。

われわれはその生を受けたこの国とその民族に無限の愛着と大きな誇りをもつのであります。わが祖先はここに住みかつ励み、われわれに多くの遺産を残してくれたのであります。その伝統、文化、勤勉、不屈の魂と、数えれば限りなく挙げることが出来ましょう。長い間にはいずれの国にも消長があり、興隆衰退のあることは免れません。しかしその興るや必ずそこには理由があり、また衰うるやその原因も必ずあるのであります。（中略）

わが国民は言わば運命を共にする船中にあって航海を続けるようなものであります。いつ火を発し浸水を招くか全く予知し難きものがあります。これは平和を念じ、その郷土と文化を愛する国民の一日たりともゆるがせになし得ないことでありまして、災難に際して立ち向う忠誠の心なくしてはかかる災難を防ぐことは絶対に望み得ないのであります。

国が諸君に要請するところも、また国民の諸君に期待するところも、危急に際しての人としてまた国民としてのかかる忠誠の心であると考えております。諸君の眼前に拡がる今後の四年間は、保安大学校における諸君の希望の歳月であります。これは諸君にとって大切な年月であると共に、実に国民にとっても希望か、失望かの月日であります。その成否は独り諸君の問題であるばかりでなく、国民の立場よりすればその期待が報いられるか否かの重大事なのであります。われわれはこのことを常に記憶せねばなりません。そうしてこれにこたえる途は種種挙げることができようと思いますが、われわれは今日特に二つの点を考えてみたいと存じます。

第一に「諸君の任務は偏することなき均衡のとれた人物を要求していること、第二に諸君の任務は民主制度に対して的確な理解を要求していること、これであります（以下略）」》

ここには新生軍学校の今後の方針の一部が示されているとみるべきですが、旧海軍兵学校において用いられた五つの訓戒、つまり「至誠に悖《もと》るなかりしか。言行に恥づるなかりしか。気力に欠くるなかりしか。努力に憾《うら》みなかりしか。不精に亘るなかりしか」という「五省」の様な、〃堅苦しい表現〃ながらも簡潔明瞭に士官候補生としての心の持ち方が示されていないところが興味深いと思います。

戦後占領軍から与えられた〃民主主義〃は、軍学校の教育方針にも迷いを生じさせていたといえます。創設間もない防衛大学校も迷っていたのでしょう。

しかし突き詰めれば、一朝有事の際には祖国のために身を投げ出すことに変わりはないのですから、表現は違えども国が防大生に要請していることも同じだ、と私は理解していました。

現に槇校長は、機会をとらえては「幹部自衛官は昔ならば、士官または将校と呼ばれ、専門知識と技術の外に、高い人格の陶冶《とうや》を重んずる人々でありました。英米においては、こと士官の養成に関しますと、必ず『士官にして紳士』を教育すると、ことわりを言うております。これは遠く武士と呼ばれた階層とのつながりもありましょう」と語り、「規律、自主、信頼」を掲げて、「規律は理性ある服従の習性」であり「理性とは盲目的ではなく、知性が伴う」ものであり、そして「気力、体力、情操」が学生生活の力と気品の源泉であり、「本校に於いて作った『性格評定の基準』は、容姿と挙措《きょそ》、服装態度、礼儀にはじまり真勇と称して道義的に勇気に強くなければならぬという一項に終わる、合計10項目を定めましたが、いずれも自衛隊幹部として、人間としてまた組織に働くものとして、欠くことのできない性格であります」と説きました。

「軍人勅諭」は別にしても、我々の時代はこれが旧海軍兵学校の「五省」に当たるものと信じていました。

この様な経緯を経て昭和四十年、創設後十三年たった第九期生時代に「廉恥・真勇・礼節」と言う三語にまとまった「学生綱領」が完成したのですが、現代版「三省」とでもいうべきでしょうか。

防大のＨＰには、「国家防衛の志を同じくしてこの小原台に学ぶ我々は、我々の手によって学生綱領を定めた。その目指すところは常に自主自律の精神をもって自己の充実を図り、厳しい徳性のかん養に努め、もって与えられた使命の完遂に必要な伸展性のある資質を育成するにある。我々は、誠実を基調としてこの綱領を実践し、輝かしい防衛大学校の伝統を築くことを期するものである」とあります。

（4）幹部学校での討論＝「科学力」か「精神力」か

航空自衛隊は幹部教育に力を入れています。もちろん陸・海もそうですが、1尉になる前後に幹部学校の幹部普通課程に入って、初級幹部として研鑽します。期間は約三カ月程度ですが、全員入校する建前になっています。その後、指揮幕僚課程という、昔風に言えば〝空軍大学校〟の受験があり、合格すると十カ月間徹底的に上級幹部にふさわしい教養と実力をつけるために鍛え上げられます。

この課程のいいところは、アカデミックフリーですから自由闊達に討議が出来ることです。柔軟な思考力を養うためです。私も第二十三期卒業生の一人ですが、実にすばらしい教育だったと感じています。

これ等の課程教育を通じて、旧軍人であった教官と戦後の民主主義体制下に育った防大出の我々とは、よく精神主義と科学第一主義（というよりも物質至上主義）について討議し合ったものでした。

「敗戦の原因として『非科学性』『精神主義』が強調されているが、それは正しいのか？」「負けて勝つ」「負けるが勝ち」は弁解に過ぎないのか？というような命題でしたが、確かに大東亜戦争で米軍相手に戦った大先輩方には、米軍の強大な物量に対する羨望の念と、あまりにも強調され過ぎた精神主義の狭間に、ある種の葛藤のようなものが垣間見えたものです。

その後昭和六十二年十一月に、私はその幹部学校の戦略教官を命じられて、幹部高級課程学生の教育などに当たりましたが、そこで私も同様な質問をしたものです。

例えば「我が国は『科学性と物量』には負けたが精神では負けてはいない！という意見をどう思うか？」というような具合です。

戦後生まれで、とっぷりとアメリカナイズされた裕福な社会に育ってきた学生たちのほとんどは、当然物量には勝てない、と言います。確かにそれを否定することは無理ですが、では「物量を誇った『戦勝国・米国』の第二次世界大戦後における苦戦ぶりをどう理解するか？」と質問すると、ベトナム戦争の印象が強かったこともあり、議論が分かれます。

ベトコンの精神力の強靭さと、気乗りしない米軍兵士らとのギャップだとか、中には、中ソからの支援物資が届いていたのだから、ベトナム側が戦略物資に不足していたとは限らない、などというものです。確かに一理あるでしょう。

しかし戦後三十年余もルバング島にこもって、ひたすら援軍が来ることを信じて潜伏していた小野田少尉の例を挙げると、皆返答に窮するのです。

勿論、近代戦ですから、科学的進歩と戦争の道具がなければ勝てないでしょう。しかし物資がふんだんであっても、ベトナムでは世界最強の米軍が敗北したのは事実です。そこにはベトナム側の政治的駆け引きの巧妙さがあったことも要因ですが、結果は明白です。

大東亜戦争で日本軍に物資があれば、精神力では勝っていたのですから、易々とは負けなかったといえそうです。勿論指揮官や政治力の拙劣さも影響したことでしょうから、一概に結論は出せませんが……。

そこで、旧日本軍がそれほど精神力に優れていた原因は何か？　という問題にたどり着きます。

第三章　旧帝国陸海軍は「皇軍」と呼ばれた

（1）三島由紀夫の〝檄〟「九条を改めて軍隊を持つ」の意味するもの。

昭和四十五（一九七〇）年十一月二十五日、高名な作家の三島由紀夫が自衛隊市ヶ谷駐屯地（現：防衛省）で、割腹自殺を遂げ世間を騒然とさせました。

当時私は1等空尉で、浜松基地で戦闘機操縦教官をしていました。学生との空中戦訓練を終えて戻ると、乗り込んできた整備員が「佐藤教官、三島由紀夫が死んだそうです」と言ったので驚いた記憶があります。

この事件は国内外に大きな衝撃を与えましたが、彼は自決する前にバルコニーから「檄」をばらまきました。それにはこうありました。

《われわれは戦後の日本が、経済的繁栄にうつつを抜かし、国の大本を忘れ、国民精神を失い、本を正さずして末に走り、その場しのぎと偽善に陥り、自ら魂の空白状態へ落ち込んでゆくのを見た。政治は矛盾の糊塗、自己の保身、権力欲、偽善にのみ捧げられ、国家百年の大計は外国に委ね、敗戦の汚辱は払拭されずにただごまかされ、日本人自ら日本の歴史と伝統を流《とく》（汚すこと）してゆくのを、歯噛みをしながら見ていなければならなかつた。

われわれは今や自衛隊にのみ、真の日本、真の日本人、真の武士の魂が残されているのを夢みた。しかも法理論的には、自衛隊は違憲であることは明白であり、国の根本問題である防衛が、御都合主義の法的解釈によつてごまかされ、軍の名を用いない軍として、日本人の魂の腐敗、道義の頽廃の根本原因を、なしてきているのを見た。もつとも名誉を重んずべき軍が、もつとも悪質の欺瞞の下に放置されて来たのである。自衛隊は敗戦後の国家の不名誉な十字架を負いつづけて来た。自衛隊は国軍たりえず、建軍の本義を与えられず、警察の物理的に巨大なものとしての地位しか与えられず、その忠誠の対象も明確にされなかつた。われわれは戦後のあまりに永い日本の眠りに憤つた。自衛隊が目ざめる時こそ、日本が目ざめる時だと信じた。自衛隊が自ら目ざめることなしに、この眠れる日本が目ざめることはないのを信じた。憲法改正によつて、自衛隊が建軍の本義に立ち、真の国軍となる日のために、国民として微力の限りを尽すこと以上に大いなる責務はない、と信じた。

四年前、私はひとり志を抱いて自衛隊に入り、その翌年には楯の会を結成した。楯の会の根本理念は、ひとえに自衛隊が目ざめる時、自衛隊を国軍、名誉ある国軍とするために、命を捨てようという決心にあつた。憲法改正がもはや議会制度下ではむずかしければ、治安出動こそその唯一の好機であり、われわれは治安出動の前衛となつて命を捨て、国軍の礎石たらんとした。国体を守るのは軍隊であり、政体を守るのは警察である。政体を警察力を以て守りきれない段階に来て、はじめて軍隊の出動によつて国体が明らかになり、軍は建軍の本義を回復するであろう。日本の軍隊の建軍の本義とは、「天皇を中心とする日本の歴史・文化・伝統を守る」ことにしか存在しないのである。国のねじ曲つた大本を正すという使命のため、われわれは少数乍ら訓練を受け、挺身しようとしていたのである。

しかるに昨昭和四十四年十月二十一日に何が起ったか。総理訪米前の大詰ともいうべきこのデモは、圧倒的な警察力の下に不発に終つた。その状況を新宿で見て、私は、「これで憲法は変らない」と痛恨した。その日に何が起つたか。政府は極左勢力の限界を見極め、戒厳令にも等しい警察の規制に対する一般民衆の反応を見極め、敢えて「憲法改正」という火中の栗を拾はずとも、事態を収拾しうる自信を得たのである。治安出動は不用になつた。政府は政体維持のためには、何ら憲法と抵触しない警察力だけで乗り切る自信を得、国の根本問題に対して頬かぶりをつづける自信を得た。これで、左派勢力には憲法護持の飴玉をしやぶらせつづけ、名を捨てて実をとる方策を固め、自ら、護憲を標榜することの利点を得たのである。名を捨てて、実をとる！　政治家たちにとつてはそれでよかろう。しかし自衛隊にとつては、致命傷であることに、政治家は気づかない筈はない。そこでふたたび、前にもまさる偽善と隠蔽、うれしがらせとごまかしがはじまった。

銘記せよ！　実はこの昭和四十四年十月二十一日という日は、自衛隊にとつては悲劇の日だつた。創立以来二十年に亘つて、憲法改正を待ちこがれてきた自衛隊にとつて、決定的にその希望が裏切られ、憲法改正は政治的プログラムから除外され、相共に議会主義政党を主張する自民党と共産党が、非議会主義的方法の可能性を晴れ晴れと払拭した日だった。論理的に正に、この日を境にして、それまで憲法の私生児であった自衛隊は、「護憲の軍隊」として認知されたのである。これ以上のパラドックスがあろうか。》

この「檄文」は、何度読んでも自衛官だった私には、重くのしかかってきます。

三島由紀夫が「自衛隊は国軍たりえず、建軍の本義を与えられず、警察の物理的に巨大なものとしての地位しか与えられず」「国体を守るのは軍隊であり、政体を守るのは警察である。政体を警察力を以て守りきれない段階に来て、はじめて軍隊の出動によって国体が明らかになり、軍は建軍の本義を回復するであろう。日本の軍隊の建軍の本義とは、『天皇を中心とする日本の歴史・文化・伝統を守る』ことにしか存在しないのである」と言ったことは、次の図を見れば明らかでしょう。

この図は、評論家の西尾幹二先生が主宰する会員制の勉強会、坦々塾に所属する哲学者、田中卓郎氏の作図に私が加筆したものですが、新憲法は軍隊に対する統帥権を否定しましたから、国軍は宙に浮き消滅してしまいました。（×印）

しかし、国民を守るためには、自衛力が必要ですから、行政部門の元に防衛省を設けてその

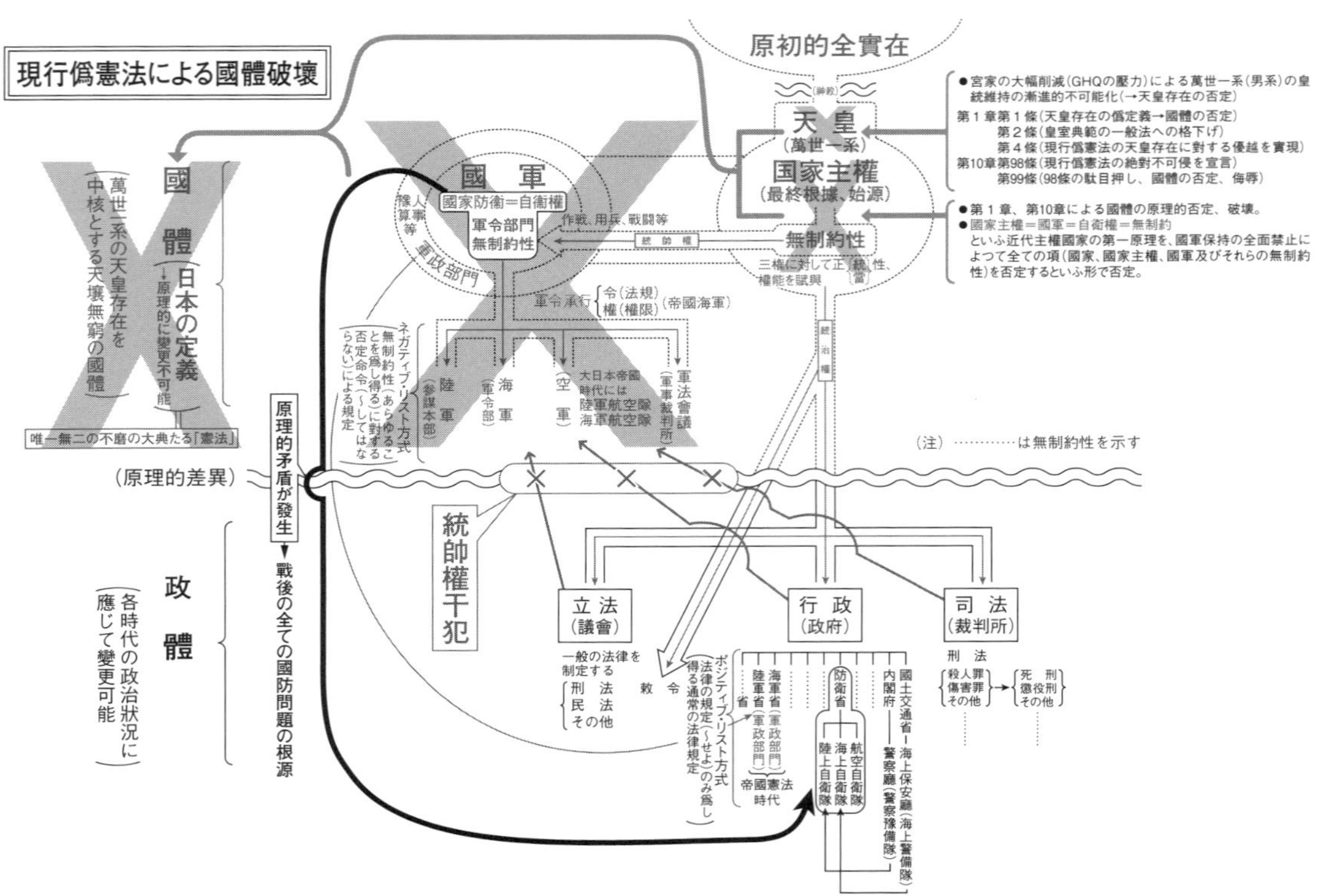

田中卓郎『日本國體』平成 26 年 11 月 26 日（水）初版「現行僞憲法による國體破壞」より

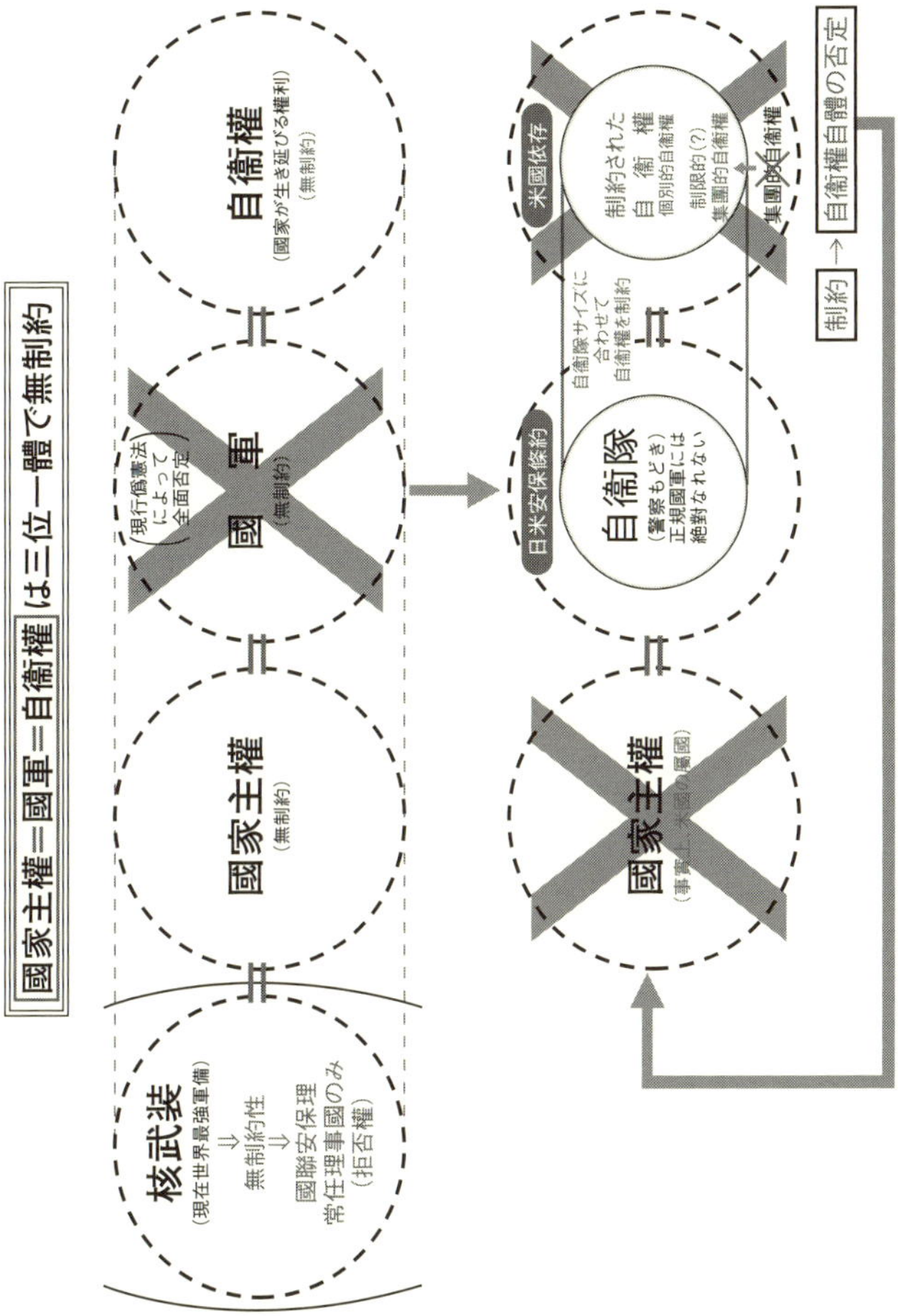

田中卓郎『日本國體』平成27年6月10日（水）初版「國家主權＝國軍＝自衛權は三位一体で無制約」より

中に〝国軍〟を置きました。つまり今でいう自衛隊です。

そうなると、国軍たる自衛隊は、行政府の下にあるわけですから、内閣府が持つ警察庁と国土交通省が持つ海上保安庁と同列になります。

彼は万世一系の天皇とそれを守るべき国軍の関係が途絶えるため、戦後日本の国家形態は道徳的にも政治的にも破綻しているというのです。これが三島由紀夫が言った、自衛隊が与えられているのは「警察の物理的に巨大なものとしての地位」であることの証です。

戦後、政府が回避してきた国軍としてのあやふやな位置づけのために、自衛隊は「専守防衛」等という奇妙な国是?にがんじがらめに縛られて、身動きが取れない組織になり、警察権を執行する存在でもない宙ぶらりんな存在になっていて、それを補完しているのが日米安保条約だ、と田中氏はいうのです。


そこで三島はこれを正常に戻すには、「改憲の可能性は右からのクーデターか、左からの暴力革命によるほかはないが、いずれもその可能性は薄い」「今の日本は『統治的国家』(行政権の主体)と『祭祀的国家』(国民精神の主体)の二極分化を起こしている」と指摘し、国民に対しそのどちらに忠誠を誓うかを問うたのです。

このように、三島が自衛隊に望んでいたことは、自衛隊の名誉回復と日米安保体制からの脱却と自主防衛の二点に集約されるといえるでしょう。

三島の檄文の中で、「生命尊重のみで、魂は死んでもよいのか。生命以上の価値なくして何の軍隊だ！…それは自由でも民主主義でもない。日本だ。我々の愛する歴史と伝統の国、日本だ。…」と述べ、その著『栄誉の絆でつなげ菊と刀』の中でも、「われわれは何を守るか、といふことだが、日本は太古以来一民族であり、一文化伝統をもつてきてゐる。従って、守るべきものは日本といふものの特質で、それを失へば、日本は日本でなくなるといふものを守るといふこと以外にないと思ふ」とし、「天皇は日本の象徴であり、われわれ日本人の歴史、太古から連続してきてゐる文化の象徴である。…日本文化の歴史性、統一性、全体性の象徴であり、体現者であられるのが天皇なのである」と論述しています。

したがって「軍隊が守るべき国体とは、忠誠の対象たる天皇である。かかる建軍の本義が与えられない自衛隊は、警察の物理的に巨大な存在（警察予備隊）としか認識をされないままとなる。それでは真に国を守る軍隊とは成り得ない」と喝破したのです。

（2）西欧列強国（搾取と侵略）と帝国陸海軍との違い

では十八世紀以降に絞って戦争（侵略行為）の歴史を紐解くと、西欧の軍隊（武力組織）は搾取と侵略の繰り返しだったことがわかります。

知人である若い研究者が、歴史を通じて学んだことは、欧米と我が国との決定的な違いは「人種差別に在る」と書いています。その例として彼は、「アフリカ原住民の奴隷貿易、インカ帝国の絶滅、アメリカン・インディアンへの虐殺、おなじく豪州の先住民族アボリジニ、カナダの先住民族エスキモーばかりか、アジア各地、とりわけインド、ミャンマー、ベトナム、インドネシア、フィリピンで英米、オランダ、スペイン、ポルトガル人がいかに非人道的な侵略、略奪、奴隷貿易、搾取を展開してきたか」を振り返り、それに比べて明治維新後の日本は「アジア人の覚醒と独立を促し、欧米への闘いを挑んだ」のだとする歴史をまとめていますが、「その底流にあったのは人種差別だった（岩田温『人種差別から読み解く大東亜戦争』（彩図社、二〇一五刊））」と結論付けています。

つまり彼らの行動基準は、「覇道」にあったのです。西欧諸国の近代軍の創設を見ると、陸軍は、支配者の領地を護り侵略を手助けする存在（領土拡大と異民族の征服）だといえるでしょうし、海軍は大航海時代に象徴される他の大陸へ進出して優れた武器で現地住民を征服して、植民地にしてその富を奪い、住民を奴隷として売りさばく〝海賊〟だったといえるでしょう。

平成二十六（二〇一四）年十一月七日、産経新聞に「『英海賊の碑』と住民批判　コロンビアでチャールズ皇太子が除幕」という記事が出ました。

《チャールズ英皇太子が十月末から南米コロンビアを訪問した際に北部カルタヘナで除幕した記念碑が、「海賊の碑」などと地元住民らの批判を浴び、カルタヘナの市長は六日までに、設置を主導した民間団体に撤去を求める方針を決めた。現地メディアなどが伝えた。

碑は英国のエドワード・バーノン提督が一七四一年にスペイン統治下のカルタヘナに侵攻したことを記念するもので「バーノン提督の指揮下、戦いで死亡した全ての人々の勇気と苦しみを記念して」などと刻まれており、十月三十一日に皇太子がカルタヘナのベレス市長らと除幕した。これに対し、地元の歴史家やジャーナリストらが、碑は植民地戦争をたたえ「英国の海賊」による侵略を記念するものだと批判した。

ベレス市長は四日「多くの人々が誤りだと思うなら訂正しなければならない」として、市長自身も幹部職にある設置団体に撤去を要請すると表明。あらためて専門家に碑文を作成してもらいたいとの考えを示した。（共同）》

大航海時代に、七つの海を支配した英国に植民地にされて、多くの住民が奴隷化された国の恨みは強いものだということを証明しています。

一六世紀に、中南米から太平洋への航路を開発したイギリスのドレーク艦隊もその例にもれません。ドレーク艦隊は、新大陸を支配するスペインが積み出す銀を満載したスペイン船を狙う私掠船団だとされています。

一五七八年十二月五日チリ州部の港町・パルパライソでスペイン船から貴金属やワインを略奪し、「ゴールデン・ハインド号」の修理が完了したドレーク艦隊は、一五八〇年九月二十六日にイギリスに一隻で帰還（出港時は五隻）します。

莫大な財宝を獲得して帰国したので、艦隊編成のスポンサーには投資額の四十七倍が支払われました。そして、投資家の一人であったエリザベス女王はドレークに「ナイト」の称号を授与（一五八一年四月四日）しています。

（3）日本軍は皇軍（万世一系の天皇の軍隊）であった。

それに比べて、我が国は、徳川幕府が鎖国中だったこともあり、列強の軍隊と決定的に異なった発展をしました。列強が世界に進出していたこの頃、我が国はまさに天下泰平だったのです。やがて、列強の〝黒船〟が来航するようになり、脅迫された幕府は大政奉還して、明治維新で新政府が誕生し、富国強兵策を進めます。

こうして日本は開国して初めて国家防衛のための近代軍を創設したのですが、それは夷狄《いてき》、蛮人から防衛するためだったといえるでしょう。

明治政府は建軍に際して、軍人に賜りし勅諭を掲げましたから、西洋の「覇道」に対して日本は「皇道」を掲げたといえます。その証拠に兵器には「菊の御紋章」がついていました。三八式歩兵銃にも、軍艦の舳先にも…。

軍隊は強大な兵器を保持するが故に、それを扱う軍人には、強固な規律、つまり軍規の維持が要求されます。国家を代表する軍隊が、まるで山賊か野党の群れの様に、相手国の国民を殺傷してはならないからです。国際法が一番苦労していることもこの点に在ります。従って、軍隊には軍人に対し司法権を行使する軍の機関として軍法会議が設置されています。

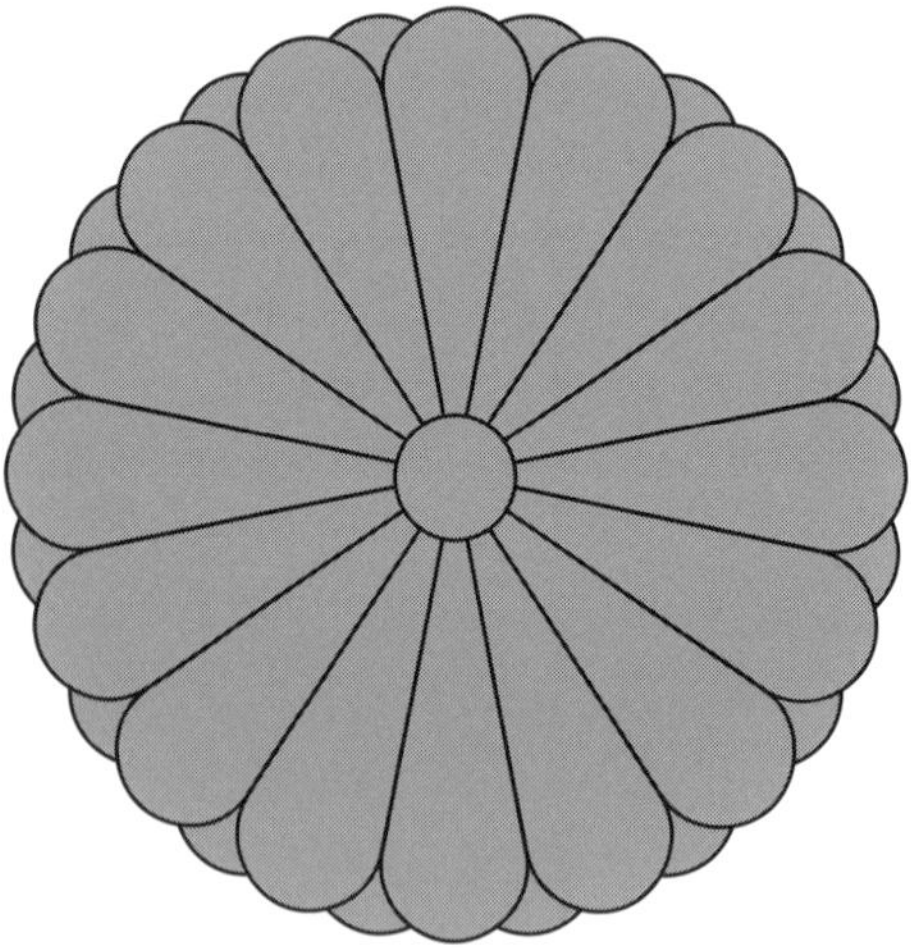

菊の御紋章。三八式歩兵銃、軍艦の舳先などにも描かれ、日本軍健軍の精神が「皇道」にあることを示す

軍法会議の規定は、エドワードⅠ世（一二七九年）時代に形作られたとされていますが、近代的軍法会議の事例としては、スウェーデンのグスタフⅡ世の法典が始まり（一六二一年）とされています。

日本の軍法会議は、明治二（一八六九）年兵部省に設置され、明治五（一八七二）年に創設された陸海軍に「軍事裁判所」が設置されますが、明治十五（一八八二）年に「軍法会議」となりました。軍歌の中に「軍律厳しい中なれど…」という一説がありますから、ご存じの方も多いでしょうが、帝国陸海軍は、世界に例を見ない程非常に軍律が厳しい軍隊でした。

昭和二十（一九四五）年、戦争の行方もほぼ決まりかけたこの頃には、連合軍に包囲されたりして敵中に孤立する部隊が続出しましたから、法務官不在でも軍法会議が開廷できるよう処置されたほどでした。実に几帳面すぎるように思われますが、その根本には、「軍人に賜りたる勅諭」があったことは明らかでしょう。軍人勅諭の全文はこうでした。

《我国の軍隊は世世天皇の統率し給ふ所にぞある。昔神武天皇自ら大伴物部《おおとももののべ》の兵《つわもの》どもを率ゐ、中国《なかつくに》のまつろはぬものどもを討ち平らげ給ひ、高御座《たかみくら》に即かせられて天下《あめのした》しろしめし給ひしより二千五百有余年を経ぬ。此間《このあいだ》世の様の移り変はるに従いて、兵制の改革も又しばしばなりき。古《いにしえ》は天皇自ら軍隊を率ゐ給ふ御制《おんおきて》にて、時ありては皇后皇太子の代はらせ給ふことのありつれど、おほよそ兵権を臣下に委ね給ふことはなかりき。

一、軍人は忠節を尽くすを本分とすべし。
一、軍人は礼儀を正しくすべし。
一、軍人は武勇を向《とうと》ぶべし。
一、軍人は信義を重んずべし。
一、軍人は質素を旨とすべし。

右の五ケ条は軍人たらんもの、しばしも揺るがせにすべからず。さて、これを行はんには一つの誠心《まごころ》こそ大切なれ。そもそも此五箇条は我が軍人の精神にして、一つの誠心はまた五箇条の精神なり。心誠ならざれば、如何なる嘉言《かげん》（人の戒めとなるよい言葉）も善行も皆上辺の装飾《かざり》にて、何の用にかは立つべき。心だに誠あれば、何事もなるものぞかし。ましてやこの五箇条は天地の公道人倫の常経なり。行ひ易く守り易し。汝等軍人よく朕が教へに従ひて、此道を守り行ひ国に報ゆるの務めを尽くさば、日本国の蒼《そう》生《せい》（国民）こぞりてこれを悦びなむ。朕一人《いちにん》の悦びならむや。

明治十五年一月四日

御名御璽

》

これが近代海軍を保持して、世界中の富を略奪して恥じなかった当時の列強の軍隊と根本的に異なっていた点でしょう。

前述した、三島由紀夫の天皇論を要約すれば、
A、天皇は日本の歴史的連続性、民族的同一性、文化的全体性を象徴する存在である。
B、日本においては天皇のみが革命原理たりうる。（つまり大化の改新から明治維新まで、また挫折したとはいえ昭和維新も天皇を革命の原理として行なわれた）。
C、日本を守るということは天皇と天皇に象徴される日本の文化を守ることである。
D、従って天皇は自衛隊に対する軍旗の授与など名誉を与える栄誉大権を回復しなければならない。（「天皇と国防は同義」）
E、戦後の象徴天皇制は見直されなければならない。
というものであり、終戦以前までの日本人にとって天皇は「現人神」でした。

第四章　現憲法によって国防意識は低下させられた。

＝しかしこれは改正しない日本人自身の責任である＝

（1）現憲法の制約

A、国民の三大義務とは

大日本帝国憲法には、①兵役の義務（二〇条）②納税の義務（二一条）③教育の義務（憲法ではなく教育勅語により定められた）があり、「臣民の三大義務」と呼ばれていました。

しかし戦後ＧＨＱによって押し付けられた「新憲法」における国民の義務は、①教育の義務（二十六条二項）、②勤労の義務（二十七条一項）、そして③納税の義務（三十条）となり、憲法で軍備が禁じられたため、「兵役」が「勤労」に変わっているのです。

主権回復とともに、日米安保条約が結ばれ、わが国は米国の庇護下に入りましたから、引き続き「兵役」は米国青年が担当し、日本人青年は「勤労」を負わされる形になりました。自分の国は自分で守るというのが鉄則ですから、この時、直ちに憲法を破棄して再軍備するべきだったでしょう。しかし当時の我が政府は〝新憲法〟を継続しましたから第二十七条一項の「勤労の義務」は、日本人は「ただただ働け」と言う意味に受け取られます。

私にはまるで米国の「植民地」になって、奴隷のように働け！　と尻を叩かれているような気分になるのですが、政府は日米軍事同盟を「楯と槍の関係」などと、無責任な表現に言い換えてご満悦でした。

つまり、ことある時には、わが自衛隊は「楯」となって国土を防衛し、敵の攻撃を直接阻止するのは「槍」である米軍だと吹聴したのです。しかし不思議なことにこれに反論を唱える知識人はいませんでした。

考えてみてください。自衛隊員は、掩《えん》体壕の中に入って敵を待ち伏せ攻撃するが、同盟国軍である米軍人は危険な敵地に進攻して敵を粉砕せよ、というのです。これほど無責任な同盟関係はないでしょう。よく米国人が認めたものです。

しかし、米国が経済的に余裕があり米軍が圧倒的な強さを誇っていた間は、それでもまだ済みましたが、経済力も低迷し、ソ連に代わって台頭した中国が、軍備拡張して日本を虎視眈々《たんたん》と狙っている時に、日本人が血を流す覚悟もなく、同盟国軍人に血を流すことを求めるというのは、人道的にも成り立つわけはないでしょう。

戦後の七十年間で、わが国の国情は間違いなく私が怖れていたような「米国の植民地」にされてしまったような気がします。

しかし、三沢基地司令時代に、こんなことがありました。

丁度湾岸戦争が始まった時で、やがて終戦になり、戦地から米兵たちが復員しました。輸送機のやりくりが厳しかったため自衛隊輸送機ではなく民間機で三沢に戻ってきた出征兵士たちを迎えるため、家族らが大勢空港ロビーに整列待機していた時のことです。

丁度青森は春スキーの時期でしたから、春休みを利用して遊びに来た日本の若者たちが先に降りてきて、スキー道具を受け取ろうとするのでロビーは混雑し始めます。その時待機している米軍と家族を見た日本の若者たちが、「アメちゃん何してんの？　邪魔じゃん」と言い始めたのです。これを聞いた米軍指揮官及び家族らは部隊旗を丸めて畳み、日本の若者たちに場所を明け渡し、ロビーの隅っこに移動したのです。

皆さんはどう思われますか？　この報告を受けた私は、怒り心頭に発しました。

この時の日本の総理は海部氏でしたが、憲法を盾に米軍に協力することなく、九十億ドル（実際は百三十億ドル）出して国際紛争解決のための協力を忌避しました。

それにしても、敗戦国日本は、与えられた憲法を逆手にとり、戦勝国を手玉に取って金儲けにまい進したのですから、大したものだと思います！

ただ、この時の日本人青年は「勤労」ではなく「レジャー」を楽しんでいたのですが……。

B、自衛隊に対する現憲法の制約

そこで何がそうさせているのかを見ておきましょう。

〝有名な〟憲法第九条には、戦争と武力による威嚇又は武力の行使は、国際紛争を解決する手段としては、永久にこれを放棄するとして「陸海空軍その他の戦力は保持しない」と定められています。つまり前述したように、この時点で帝国憲法下にあった天皇による軍隊の統治権が失われたのです。（P52「現行偽憲法による国体破壊」図を参照）

しかし当たり前のことですが、そんな憲法下においても「個別的自衛権はある」として防衛力を整備しますが、その使用は「急迫不正の侵略」「排除するため他に手段がないこと」「行使できる地理的範囲は一概には言えない……」などとされ、「必要最小限度の実力行使」に限定されています。

そしてその実力機関である〝自衛隊〟は、当初は総理府の〝外局〟として創建された「防衛庁」という行政官庁のもとに、「専守防衛のための自衛力」という名の行政権を行使するに過ぎない機関として、警察や海上保安庁と同列に置かれました。

ですから、私のような皮肉屋が見ると、尖閣や小笠原で起きた中国漁船による侵入事件には、軍隊ではない自衛隊が、海保と協力して対処してよかったのではないか？　と考えるのです。政府はどうして出さなかったのでしょうか？

これは推測ですが、多分、三島由紀夫が指摘した〝警察の物理的に巨大なもの〟としての地位を自ら証明したくなかったのであり、その行為をとることによって、三島由紀夫が言った「護憲の軍隊」だと認知されたくなかったからではないでしょうか。

政府はあくまでも自衛隊は警察ではなく、かといって〝軍隊〟でもないという矛盾を突かれたくなかったのだと思われます。

ということはつまり、実は政府は自衛隊＝軍隊と認知しているということになります。尖閣や小笠原に侵入してきた中国漁船団を追い散らすため出動したら、世界は〝国際紛争を解決するために〟「日本は軍艦を派遣した」ととるからです。ですから軍事的衝突と世界が捉えることを避けたかったのでしょう。特に日本のマスコミを意識して。推測ですが……。

C、自衛隊法と国防の基本方針（官僚たちの作文）

自衛隊法第三条は、「自衛隊は、我が国の平和と独立を守り、国の安全を保つため、直接侵略及び間接侵略に対し我が国を防衛することを主たる任務とし、必要に応じ、公共の秩序の維持に当たるものとする。

2　自衛隊は、前項に規定するもののほか、同項の主たる任務の遂行に支障を生じない限度において、かつ、武力による威嚇又は武力の行使に当たらない範囲において、次に掲げる活動であつて、別に法律で定めるところにより自衛隊が実施することとされるものを行うことを任務とする。

一　我が国周辺の地域における我が国の平和及び安全に重要な影響を与える事態に対応し

て行う我が国の平和及び安全の確保に資する活動

二　国際連合を中心とした国際平和のための取組への寄与その他の国際協力の推進を通じて我が国を含む国際社会の平和及び安全の維持に資する活動

3　陸上自衛隊は主として陸において、海上自衛隊は主として海において、航空自衛隊は主として空においてそれぞれ行動することを任務とする」とされています。

これ等を基準にして作られたのが、昭和三十二年五月二十日に制定された「国防の基本方針」です。しかしおかしいとは思いませんか？

憲法は「国際紛争を解決する手段としては、永久にこれを放棄する」と軍備を放棄しています。ですから、例えば北方四島、竹島問題やこのところ中国が自分の領土だと主張している尖閣問題などは、明らかに国際間の問題であり、紛争といえるでしょう。

しかし、憲法はこれを禁じていますから、これらに対して自衛力の行使はできないことになるではありませんか。だから吉田首相は「自衛隊は軍隊ではない」と逆説的に言ったのでしょうか？　憲法に抵触せずに使うために……。

「戦争論」で有名なクラウゼヴィッツは「戦争とは他の手段をもってする政治の継続である」と定義しています。しかし、政治の延長であるこれ等の領土問題などに、我が国は「他の手段」を使うことが出来ないのです。ですから、同胞が拉致されて四十年になろうとしているのに、政治的対話外交は延々と継続していますが、政府は他の手段でもって解決できないのでしょう。

更に不思議なことに、この「国防の基本方針」で規制されるべき自衛隊は、約三年前の昭和二九年七月一日に創設されていますから、ドロナワとはこういうことをいうでしょう。実は昭和三十一年時点でも、国防会議のメンバーは未定でした。

昭和三十二年二月二五日に岸内閣が成立します。それまで戦後の日本を背負ってきたのは言うまでもなく吉田茂首相ですが、その後昭和二十九年一二月一〇日に鳩山一郎内閣が出来ます。鳩山首相は昭和三十一年十二月末まで三次にわたって政権を維持しますが、十二月二三日に、石橋湛山内閣が成立します。ところが石橋首相が病に倒れ、岸外相が首相代理を務めますが、翌年の二月に正式に岸内閣が成立したのです。

自衛隊の前身である警察予備隊は、朝鮮戦争勃発の昭和二五年七月八日にマッカーサーによって七万五千人の警察予備隊と八千人の海上保安庁増員が指示され、八月十日に警察予備隊令が公布されます。

その後紆余曲折を経て昭和二十九年六月九日に防衛庁設置法と自衛隊法が公布されます。そして陸・海・空の三自衛隊が七月一日に発足したのです。とにかく実動部隊の形は整ったものの、国防の目的とすべき基本方針さえ決まっていなかったのです。

こうしてできたのがこの「国防の基本方針」ですが、その経緯を見てもわかる通り、おっとり刀であったことは事実です。誕生した岸内閣の岸信介首相は、五月二十日からまず東南アジア六カ国を歴訪します。これは戦後のアジアに対するけじめだったのではないでしょうか。

そしてその一カ月後の六月十九日に、訪米してアイゼンハワー大統領と会談、二十一日に日米共同声明（安全保障条約検討委員会設置、在日地上部隊の撤退）を発表し、日米新時代を強調します。訪米直前の六月十四日に岸総理は「国防会議」を開いて、第一次防衛力整備三か年計画などを決定します。これが戦後日本の初の軍事力に関わる国レベルの会議だといえますが、岸総理の訪米が計画されたため開催された国防会議であり、言い換えれば岸総理訪米時の〝手土産〟だったといえなくもありません。

このように、「建軍の本義」さえもなく、どさくさに紛れて決められたのが、次の内容を骨子とする「国防の基本方針」だったのです。

①国際連合の活動を支持し、国際間の協調をはかり、世界平和の実現を期する。

②民生を安定し、愛国心を高揚し、国家の安全を保障するに必要な基盤を確立する。

③国力国情に応じ自衛のために必要な限度において、効率的な防衛力を漸進的に整備する。

④外部からの侵略に対しては、将来国際連合が有効にこれを阻止する機能を果たし得るに至る

までは、米国との安全保障体制を基調としてこれに対処する。

今見てみるといかにもおっとり刀で決めた〝官僚の作文〟に見えますが、私は、現役時代から、わが国の「国家戦略」ともいうべきこの「国防の基本方針」に対して、素朴な疑問を持ち続けてきました。我々が幹部学校の学生だった時に質問すると教官が答えに窮したものでしたし、私自身が戦略教官だった時も、学生らは次のような同様の疑問を投げかけたのです。

①について、「国連憲章第五三条の「敵国条項」の取り扱い、及び「国際連合の活動の実態」を我が国はどう認識しているのか？　理事国の思惑一つで安全を保障する活動に支障が出ていて、有効に機能しているとは言えないのではないか？

②については、「『愛国心を高揚する』とあるが、そのために政府は具体的な施策を施しているのか？　教科書問題や、国歌、国旗掲揚問題で明らかなように、学校教育の乱れを解消することは、緊急課題だと思うが、何ら対策が講じられているとは感じられない。このような環境下で「愛国心」は育つのか？

③については、『国力、国情』をどう解釈すればいいのか？　経済大国と言われて久しいわが国の経済力に見合った防衛努力が『対GNP比一％以下』になる理由は何か？」

④については、「国連の有効な対処機能」とは何か？」「米国との協調を図るとは具体的に何

か？　例えば『基地の共同使用』問題や、艦載機の『ＮＬＰ（艦載機の夜間離着陸訓練）』問題はどう理解すればいいのか？」

という疑問点でしたが、現在も継続されている沖縄基地問題、そして集団的自衛権を巡る国会での何とも〝幸せ？〟な論議を聞いていると、あの頃よりもなんだか退歩してきているような気分になりはしませんか？

而《しか》もこの「基本方針」も、周辺情勢はもとより、中近東における新たな問題が生じ、非対称戦、サイバー戦などが活発化しているにもかかわらず、憲法と同様、昭和三十二年来、一度も改正されていないのです。

（2）現役時代の部下への課題＝「君は国のために死ねるか？」

このような情勢下ではありましたが、国家防衛という任務は一日たりとも休むことはできません。不備な組織であっても、「いくら日本は侵略しない！」と公言してみても、相手はそうは思いませんし、むしろ侵略したいという誘惑さえ感じるものです。

そんな環境下でしたが、部下たちは真剣に業務を遂行していますし、一旦ことが起きれば、私たち自衛官は「身の危険をも顧みず」戦いに臨まねばなりません。

そこで私は機会をとらえては部下たちに「君は国のために死ねるか？ 1、死ねる。2、死ねない。3、その理由」をA四版のペーパー一枚に箇条書きで書いて提出せよ、という簡単な宿題を出すことにしていました。

最後の勤務地になった沖縄では、幹部教育を担当する人事部長に命じたところ、彼はこのテーマをさらに分割して、

①あなたにとって国とは何か？ どのように大切なものか？
②国のために死ねないという若者をどう思うか？
③自衛官は全員国のために死ねるか、またはその覚悟はあるのか？

④国のため以外ならなんのために死ねるか？

という四つの項目に分けて司令部に勤務する幹部自衛官（3尉〜3佐）に出題したのです。

部下達から提出された回答の表現はさまざまでしたが、結論は「基本的には死にたくないが、任務を遂行してその結果死ぬのなら本望だ。自分は愛する妻、子供、両親のために、日本人としてのプライド、男としてのロマンのためならば危険を顧みない。自ら選んだ『自衛官』である以上、後ろ指を差されたくない」というものであり、中には「五十を過ぎたこの身体、喜んで御国に捧げます」という叩上げの1尉（大尉）、「私利私欲に目がくらんだ政治家達のためなら絶対に嫌だが、信頼できる上司、先輩、友人のためなら戦死は怖くない」と書いた3佐（少佐）、「自分は国のためというよりも、自分の愛する者のためならいつでも死ぬ気はあります。死んだ後に、『あいつは国のために死んだのだ』と言われようと言われまいと、死んでしまった私には無関係です」という2尉（中尉）もいました。

事実、政府が何度強弁し、野党やマスコミがそれを非難しようとも、陸上自衛隊員たちは粛々とイラクのサマワで任務を果たしましたし、私の同期生・落合畯1海佐ひきいるペルシャ湾掃海部隊も、危険な機雷除去作業を〝手作業〟で終えて帰国しました。昔でしたら、陛下から「感状」が授与されたことでしょう。

航空自衛隊も、何時「携帯ＳＡＭ」で攻撃されるかわからない中で、バグダッドでの輸送任務を果たしましたが、この様な実態は既に忘れ去られている様で残念でなりません。しかしこれからも政治が命じれば、後輩たちは黙々と任務を果たすでしょう。

むしろそんな〝危険な〟任務を命じる政治家らや一部の日本国民に対して、「あなたは、本気で国に命を捧げられますか？」と問いただしてみたいものです。

安保法制審議で唐突に「自衛官のリスク」を叫びだした野党の趣旨とは大きく異なりますが……。

（3）健全だった部下たちの回答

部下たちの回答には、「国民の上に立つべき指導者（シビリアン）に尊敬と敬意の念を抱けない！」「自分より〝人間性〟に悖《もと》る指導者の命令には服し難い。」「自分は『愛する者のため』に死ぬのであって、死後『国のために死んだ』と言われようが『犬死だ』と言われようが一向に構わない」等という、実に健全で人としての素直な気持ちが表れていたので感動しましたから、その一部を紹介しましょう。

問題①の「国とは？」については、

▲「私にとって、家は社会生活を円滑に行うための一つの単位であり、国は、国際社会での生活を円滑に行うための一単位。どちらも人間社会に貢献するものでなければならない（3佐）」

▲「先祖代々受け継いだ家を大切に思うように、父祖たちから受け継いだ、文化と伝統に満ちた美しい国を誇りに思う。国際社会に貢献する国として発展してほしい。（3佐）」

▲「私にとって国とは、生れた祖国であり、親、兄弟、妻、子供達の住むかけがえのないものであり、その健全な存在こそが我々の生命及び財産等を守ってくれる唯一頼れるものであると

考える。従って、私は日本人として祖国日本を愛し、日本民族の発展のために微力なりとも力を尽くす必要があると考える。（1尉）」

問題②の「国のために死ねないという若者」については、

▲「死ねなくてかまわないが、せめて、人のため、社会のため、国のため、国際社会のために汗を流す気概を持って欲しい。自己中心的でしかありえない若者は不幸だが、親の姿を真似ているだけとも言える。何のために生きるのか、見本を示してやれなかった親の責任はさらに重い。（3佐）」

▲「戦後の教育において国、国家等に対する深く考える教育等が行われていない現状において特に奇異には感じない。むしろ国のため、国のためと事あるごとに訴えている者がどれ程『いざ鎌倉』の場合行動できるかは疑問であり信用できない。国のためには死ねないと言っている若者でも、家族愛、郷土愛等から自然に発生する愛国心のようなものは当然育まれている者もいると思う。見方を変えれば同じような事である。（1尉）」

問題③の「自衛官は全員国のために死ねるか」については、

▲「少なくとも、全員がそのように宣誓して入隊した。99％がそのような覚悟を以て毎日の勤務に頑張っている。（3佐）」

▲「自衛官と言えども人それぞれの考え方があると思うが、私は身も心も国に捧げているつも

りである。五十才近いこの命、家族等を守るため必要とあらば何時でも投げ打つ覚悟はできている。（健全な国家と信頼できる指揮官の下で）（1尉）」

問題④の「国のため以外なら、何のために死ねるか」については、

▲「1、親のために死ねる！。2、子のために死ねる！。3、尊敬する人のために死ねる！4、配偶者のために……？（3佐）」

▲「正義の為（価値ある死）なら何時でも死を恐れずに行動に移す自信はある。（1尉）」

等というものです。

特に私が感動したのは、「五十才近いこの命、家族等を守るため必要とあらば何時でも投げ打つ覚悟はできている」「むしろ国のため、国のためと事あるごとに訴えている者がどれ程『いざ鎌倉』の場合行動できるかは疑問であり信用できない。」と言う〝たたき上げの1尉〟の言葉でした。

そして「何のためになら死ねるか」という問いに対して「妻」に「？マーク」を付けた3佐のユーモアには思わず笑いました。

昔も今も、身の危険をも顧みず国家のために命を捧げる覚悟をした人間は、ユーモアを忘れず、周りにはいつも笑顔があふれていたのです。

特攻隊員が、笑顔で飛び立つ姿を見た方が、「強制されたものだ」とか、「麻薬を呑まされて

いたのだ」などと言いがかりをつける〝反日主義者たち〟には理解できないことでしょうが、戦闘機乗りとして同じような体験をした私には彼らの気持ちがよく理解できるのです。回答で妻に「？マーク」を付けた3佐はパイロットではありませんが、同じような遊び心？が覗《うかが》えて嬉しかったのです。

（4）OBたちの述懐

A、陸士六十期卒の横地光明・元陸将／元東北方面総監

今年一月に、軍事の専門雑誌である「軍事研究（1月号）」に、「最後の士官候補生」陸軍士官学校六十期卒の横地光明・元陸将／元東北方面総監が「自衛隊を国民の負託に応えさせる道～『士は己を知る人の為に死す』」という論文を発表しましたが、多くのOBたちの意見を代表すると思われるので論文の抜粋を紹介したいと思います。

《初めに

国民の多くが先の大戦で悲惨な思いを強いられ、戦争は二度とあってはならないと念願し平和を希求するのは至極当然であり、尊重しなければならない。しかし現今の国際関係の元でも、防衛は国家と国民の安全繁栄を保障する国家の最も基本的な必須機能であり、このため自衛隊があり、自衛隊員が服務している。その安全保障力は自衛隊の能力と自衛隊員の使命感と士気に左右されるところが大きく、これを良く機能させるには主権者たる国民の現実的至当な安全保障観に基づく支持と政治の適切な施策が必要である。

政府は自衛官には「強い責任感をもって専心その職務の遂行に当たり、事に臨んでは危険を顧みず、身を以って責務の完遂に努め、もって国民の負託にこたえよ」（自衛隊法第五二条服務の本旨）と命じている。

このため自衛隊員は自らの任は国家に不可欠と固く信じ、ひたすらその使命に精励挺身してきた。最近の例でも東日本大震災に伴う福島第一原発事故では高放射能地域に真っ先に飛び込んで行ったのは、その任を自覚した中央特殊防護隊長以下であり、また原子炉上空からのヘリによる危険な海水投下を決意したのも統幕議長と囁かれ、そのヘリが原発真上へ突入しての海水投下の映像を見た米軍は、この自衛隊の真剣さに打たれ全力で支援を始めたそうだ。

しかしながら、国民が一致して自衛隊にその安危を負託し、また政府はそのための施策を十分に講じているとは思えない。何故なら遺憾にも国民の少なからずが、今でも平和憲法が日本の安全を守ってきたと錯覚し、組織最大の問題は常に構成員の心構えであるのに、自衛隊員に誇りを実感させ、本当に彼らが迷いなく命を賭けて任務に就く意義を見出すに足る十分な条件・環境を与えていると思えない。むしろ国防を蔑にして自衛隊を日蔭者にしたまま、政治最大の任のシヴィリアン・コントロールを警察官僚に任せてきているからである。このような状態のため、最近自衛隊員ＯＢの間で「国民は本当に自衛隊に安全保障を負託しているのであろうか？」とか「我々は何のために死ぬのか？」等の論議がなされているようであり、これは自衛隊の存立の根本問題であり忽せにできないと痛感された。以下、この重大な問題を分析し問題点を明らかにし、在るべき姿を探そうと考える》として縷々意見を述べていますが、紙数の関係で、横地元陸将の文章は、第1項目と「まとめ」以外は項目だけにとどめます。

《1、「国の守りを自衛隊に負託するためには国民と政治の覚悟が必要だ」

古来、国家の最大の責務と課題は国を守ることであるが、国を守るには固い覚悟が必要である。そして歴史に照らせば、国民の国防に関する輿論が分裂し、政治が国防組織を軽視し信頼せず、国防に任ずる者が政治に不信を抱くほど国家にとって不幸で危険なことはない。

しかるに前述のように、国民の中には平和憲法・非武装主義が日本の平和を守ってきたかの如き妄言を敢えてし、自衛隊は「憲法違反の存在であり」、日米同盟は「我が国を米国の戦争に巻き込み」、積極的平和政策や集団自衛権行使容認は「日本が戦後築いてきた平和国家を破壊する」等と主張する向きがある。それなのに政府は厳しさを増す国際安全保障環境とその諸安全保障政策の意義を国民に十分に納得させていないし、政策のその多くを自衛隊が担うことを国民に知らせていない。

もとより、自衛隊が危険な任務に赴くことがないように国策を定め国交を調整するのは政治外交の最大の役割だ。しかし、日本が如何に平和を志向しても、万一侵略を受け我が国の平和と独立が侵され国民の生命財産が危機に陥った場合、侵略者に屈して国家主権と国民の生命財産の安全と自由の放棄をよしとしないのであれば、国民は自らの手で国を守らなくてはならない。即ち自衛のための戦いを避けることはできない。(以下省略)

(以下略) 項目のみ

2、「防衛を付託させられる自衛隊員の心情を理解せよ」
3、「謙虚に任務に精励する自衛隊員の勤務の実態を知れ」
4、「自衛隊を国民の負託に応えさせられる道と反面教師の心なき政治現象」
5、「文官・制服の相互信頼を阻害する異常な文官統制」

「まとめ」

この世には「まさか」という場合がある。自衛隊は「まさか」の場合の保険だが、その国家危急の場合、命を掛けてこれに任ずるのはほかでもなく自衛隊であり自衛隊員だ。だが国家国民は、自衛隊員が身の危険を顧みず誇りをもって任に赴かせる条件を与えていない。このため「政治は『防衛は国政の基本だ、諸子はこの重大使命を自覚し崇高な任務に精励せよ』と訓示するが、本当は自衛隊を軽視するばかりだ」と自衛隊員が感じている恐れがある。自衛隊員は天を相手に毀誉褒貶を顧みず職務に精励しているが、何時までも自衛隊を日蔭者とし地下侍とし続け軽視すれば、その弊は必ずや国民に戻ろう。何故なら「大和魂」だけでは戦えないが、組織にとって最も大事なことは構成員の「心・魂」であり、「士は己を知る人のために死す」(史記)、そして「臨時の信は功を平日に累ぬればなり」(西郷南洲遺訓)からである。

安倍総理には是非この実態を知って頂き、自衛隊が国民の負託を身にひしひしと感じ、自衛官が隊務精励を無上の誇りとし、万一の場合、死を賭して任務に赴く意義を納得できるよう十分心配りをして頂きたいものである。

以上、自衛官の心情を社会に知って貰うのもOBの責任・義務と考え筆を執った次第である》

横地OBは陸軍士官学校六十期出身ですから、戦中と戦後の軍事に関わる変遷を自ら体験した方です。戦後の〝自由民主主義〟下に置いては、なかなか発言しにくい立場だったのでしょうが、戦後の自衛官としての体験から、率直に〝警告〟していると思います。

しかし現状はこの様な意見は全く無視されていて、政府の「徴兵制度に関する政府答弁書」には、「兵役は意に反する苦役」だが「自衛官は自ら志願して苦役に服するので苦役には当たらない」などと自衛隊を蔑視するような言葉が用いられているのであり、〝軍人〟をこの様に捉える政府の指揮下では横地ＯＢの指摘通り「力は発揮できない」でしょう。これは何に起因するのでしょうか？

Ｂ、防大五期卒の杉之尾宣生元1陸佐／元防衛大学校教授

次は、防大第五期生の杉之尾宣生元1陸佐の退官時の回想記を紹介しましょう。

杉之尾氏が、防大を卒業して一旦故郷（鹿児島）に戻り、陸自幹部候補生の制服に着替えて久留米の幹部候補生学校に向かう列車内での出来事です。どやどやっと赤旗を持って乗り込んできた〝おっさんたち〟が、制服姿の杉之尾候補生を取り囲み階級章や、候補生マークなどについて、質問攻めにするのですが、やがて大牟田駅で下車します。

《その時、誰からともなく「一所懸命に頑張ってくれ」と激励され、また誰かが「やがて連隊長だな」と言うと、「いや師団長だ」と叫びながら下車して行った。

確かに「防大生は、同世代の恥辱」と大江健三郎氏に切り捨てられたこともあったが、私は些かの痛痒も感じなかった。それは多分、「連隊長」とか「師団長」とかの軍人の社会的威信について、世の中の人々から暗黙の敬意が払われていることを実感していたからではなかったろうか。

私は、ソ連崩壊の平成三年、三十年間奉職した陸上自衛隊を1等陸佐で定年退官した。六十

年安保闘争時代を防衛大で過ごしたが、当時の防衛大の学生新聞「小原台」紙には、「新国軍」という文言が毎号飛びかっていたように記憶している。しかし昭和五十四年三月、母校の戦史教官に赴任した私は、「新国軍」という文言を小原台上に見出すことはできなかった。

「歩兵を普通科、砲兵を特科、工兵を施設」といったウソ誤魔化しのままの自衛隊で、己自身が過すことなど当時全く予測していなかった。

自衛隊の法的な枠組みは、私が陸上自衛隊に入隊した時点と、定年退官する時点とでは、殆ど変わってはいなかった。

私は、自分自身が生きている間に、ソ連が崩壊するとは全く予測していなかった。私の予測を遥かに超えた戦略環境の変化であったが、定年退官の挨拶状には、「我が国の独立と安全に些かの貢献をしたと、自負している」と書いた（国民新聞）》

第五期生の防大卒業時における槇校長訓示は「人格の統一」と題して「教養と学力、気力と体力、均衡ある精神力」などについての哲学的な内容で、「使命を的確につかむことも、精神力の基盤であり、社会と国への責任を理解すること」であり、国民全体を一艘《そう》の舟に運命を託している存在にたとえて、その安全を守ることは「国の独立と民族の自由を守ること」だと説いています。

退官に当たって杉之尾先輩は「我が国の独立と安全に些かの貢献をしたと、自負している」

と書きましたが、私には何となく空虚に聞こえます。

C、防大十四期卒の太田文雄元海将／元情報本部長

今度は、若い防大二桁期の卒業生が書いた「米軍事故死傷者への思いやりはないのか？」という所感文を引用しましょう。

彼は防大剣道部の後輩で、現在は私と同じく「国家基本問題研究所」で企画委員を務めていますが、今週の直言（平成二十七年八月十七日号）にこう書いています。

《八月十二日に沖縄で米陸軍のヘリコプターが艦上墜落し、自衛隊員二名を含む乗員七名が負傷した。五月にもハワイで米海兵隊の垂直離着陸輸送機オスプレーが墜落し、この時は海兵隊員一名が死亡している。

こうした事故を自分の政治目的達成に利用しようとする翁長雄志沖縄県知事発言は論外としても、菅義偉官房長官ですら、死傷兵士に対する「お悔やみ」や「お見舞い」の表明は一切なく、今回も「米側に原因究明と再発防止を申し入れる」としただけである。

報道によれば、十二日に墜落したヘリコプターは、海賊対処あるいは何者かに乗っ取られた船を制圧する特殊部隊訓練のさなかであったという。そうであれば、安倍晋三政権が標榜する積極的平和主義に合致する訓練ではないのか。そのために厳しい訓練に従事して死傷した兵士

に対し、日本政府は思いやりの一言でも掛けるべきではないだろうか。

一九九六年の環太平洋共同訓練（ＲＩＭＰＡＣ）で、海上自衛隊の護衛艦が米軍標的曳航機A-6を20ミリ・バルカン砲で撃墜してしまう事故があった。幸いにしてA-6のパイロットは緊急脱出し、一命を取り留めた。

当時ワシントンで防衛駐在官の任にあった筆者は、事故直後ペリー国防長官と米海軍制服組のトップであった作戦本部長ジョンソン海軍大将の元に、日本の制服組の代表としてお詫びに赴いた。この時、両者から出てきたのは「訓練に事故は付き物」という言葉であった。

今回の事故後、米陸軍参謀総長オディエルノ陸軍大将の発言も「訓練にリスクは付き物」であった。特に過酷な条件で訓練をすればするほど事故の危険は高まる。事故を皆無にしたいのであれば、訓練をやめてしまえば良いのであろうが、それでは任務は達成できない。

軍（自衛隊）をコントロールする政治家が事故を起こした者を、何か悪いことでもしたかのように扱うなら、軍人（自衛官）は危険を冒して国家のために任務を遂行する意欲がなくなってくる。

政治家が靖国神社に詣でることも、殉職した旧軍人に敬意を払う意味合いがある。

平素、自衛隊に敬意を示さない政党の党首が、自分たちの政治目的達成のために「自衛官に及ぶ危険」を政争の具に使おうとしても、自衛隊員には見透かされてしまう。

同盟を強固にするのは、同盟国が攻撃された際に反撃を可能にする安全保障法制の整備だけではない。同盟国軍人が訓練事故で死傷した際に、彼らに思いを致す心情が同盟を支えるのである》

ここに、「自衛官は自ら志願して苦役に服してる」のだという政府関係者の意識が透けて見える気がします。

D、女流作家・塩野七生さん、防大生を激励

防衛日報（平成五年三月）は、「防衛大学校で、二一日卒業式が行われたが来賓祝辞に立った女流作家、塩野七生さんが、『軍事とは政治と同等に、いやすべての分野に同等に、総合的な才能が発揮されてこそ一級になる』と述べ、『シビリアン・コントロールなど必要としない、一級の武人になれ』と三百八十八人の卒業生を励ました（リード）」とあり、次のように報じました。

《古代ローマ軍の戦略単位は、二万から二万五千の兵士たちで構成された二個軍団です。これは、執政官一人で指揮したところから、執政官軍団と呼ばれていました。

ところが、この二万でも大変なのに、ハンニバルやスキピオ程度の最高司令官となると、こ

の二倍は率いなくてはならなかったのです。それを彼等は二〇代でやったのです。アレクサンダー大王も同じでしたが。

では、彼らは、どういうことに気を配る必要があったのか。

まず第一は、補給線の確保でしょう。勇敢な兵士といえども、腹がすいては戦にならない。歴史を見ていると、優秀な武将ほど、部下たちの腹具合に、しかも戦闘に出かける前の腹具合に注意を払っていたようです。

又戦闘に訴えないでも勝利を得ることに、彼らはなかなかに敏感でした。武力で解決する事しか知らないのは、一級の武将とはいえません。何故なら指揮官が心がけなければならないことの第一は、自分に与えられている兵力をいかに有効に使うか、であるはずなのですから。

そのうえ、部下たちをやる気にさせる心理上の手腕。人間は、苦労するのも犠牲を払うのも、必要とあればやるのです。ただ喜んでやりたいのです。だからそれらを喜んでやる気持ちにさせてくれる人に、ついていくのです。これはもう、総理大臣の才能ですね。

このように、軍事とは、まったく政治と同等に、いや、すべての分野と同等に、総合的な才能が発揮されてこそ、一級になるのだと思います。

世間ではよくシビリアン・コントロールという言葉が使われますが、それは一級の武将がなかなかいないから、我々シビリアンは危なかっしくて、コントロールしなくては、と思わざる

をえないからです。コントロールなど必要としない、一級の武人になってください》

もちろん制服の指揮官に聞かせている言葉でしょうが、私には〝私服の最高指揮官〟に対する鋭い指摘のように聞こえます。

さて、長々と引用してきた旧士官学校と防大卒ＯＢの述懐と、女流作家、塩野七生さんのシビリアン・コントロール論及び「一級の武人」論をどう理解すべきでしょうか？

私には、いずれにせよ戦後創設された自衛隊という〝軍隊もどき〟の実態に当事者たちは疲れ、部外者は期待しつつも〝戦後民主主義〟の落し子である自衛隊という武力組織を、全く素人の文民たちの指揮に従うことを強要された国家公務員「特別職」ではなく、武人であってほしいという要望が出されるまでになったのだと感じています。

そして塩野女史が「部下たちをやる気にさせる心理上の手腕。人間は、苦労するのも犠牲を払うのも、必要とあればやるのです。ただ喜んでやりたいのです。だからそれらを喜んでやる気持ちにさせてくれる人に、ついていくのです。これはもう、総理大臣の才能ですね」と言いましたが、過去のどの総理大臣を思い返しても、そんな「才能」がある方を私は見かけた記憶がありません。あるいはお会いできなかっただけかもしれませんが……。

先述した私の部下たちも、「命を投げ出せる」指揮官を見いだせないが、命令とあらば戦場に向かう、と決心していました。

「つまりこのことから「民主主義下の軍隊指揮官、つまり大臣」には適当な人物は全くいなかったし、これからもいないのではないか？　という危惧の念を私は払しょくできないのです。そこで改めて「自衛隊が守るべきもの」「従うべきもの」について、再検討する必要が出てきます。

（5）自衛隊員の訓練を誹謗中傷する左翼活動家たち

横地先輩の言葉を裏付けるように、あの3・11で陸上自衛隊が大活躍した後でさえも、練馬の陸自部隊が、都内でレンジャー訓練を実施した時には、国民の〝一部〟が隊員たちに対して直接嫌がらせとも取れるデモを実施しました。

ここではデモの様子を伝える共産党機関紙［しんぶん赤旗］を紹介します。

▲共産党機関紙［しんぶん赤旗（平成二十四年六月十三日）］「陸自　都内で武装行進・板橋、練馬の市街地　周辺住民が抗議」

《陸上自衛隊は一二日、東京都板橋、練馬両区内の市街地でレンジャー行進訓練を実施しました。隊員らは、板橋区の戸田橋緑地から練馬駐屯地までの約6・8キロメートルを行進。白昼に行われた完全武装の訓練で、周辺は一時騒然となりました。

レンジャー訓練は、敵地に潜入し襲撃する任務を遂行できるよう鍛え上げる過酷な訓練です。行進したのは、東富士演習場（静岡県）での約3カ月にわたる訓練を終えた直後の陸上自衛隊第1普通科連隊の隊員一七人。軍用リュックや小銃（弾薬なし）、銃剣を携行し、顔には迷彩塗装を施すなど実戦に近い装備となりました。

区内の市民団体や平和団体はこれまで、防衛省や自衛隊に行進訓練の中止を要請。自衛隊側は、訓練コースから商店街を外し、隊列を2列から1列に変えるなどの対応を迫られました。

行進訓練のなか、沿道には抗議の意思を示す人、日の丸を振る人のほか、驚きや不安の表情で隊列を眺める人が並び、集団で散歩中の保育園児が武装した隊員の姿を見て泣きだす場面もありました。

訓練コースとなった都営三田線西台駅前や練馬駐屯地前では、訓練に反対する周辺住民らが大規模な抗議行動。「武装訓練反対」「地域を戦場にするな」とシュプレヒコールをあげました》

（6）「外敵より自衛隊を警戒する」〝縛り〟の源流は吉田茂

ところで平成二十七年四月二十七日の「SANKEI EXPRESS」【野口裕之の軍事情勢】で、野口記者は「牢獄→座敷牢→軟禁 自衛隊の『無罪放免』はいつ」と題して次のように書きました。戦後日本の国防意識がよくわかると思うので引用します。

《…三井本館こそ、戦後日本の安全保障政策の進路を大きく誤らせた出発点で、以降半世紀近く「外敵より自衛隊を警戒する」時代が続く。

それが阪神・淡路大震災（一九九五年）や北朝鮮の弾道ミサイルの日本列島越え（九八年）に慌て「自衛隊より外敵を警戒する」ようになる。そして今、中国軍の異常な膨張や東日本大震災（二〇一一年）での大活躍もあり「自衛隊による安全確保」はほぼ国民の共通認識に至る。

この程度の国際常識に到達するまで戦後七〇年、自衛隊の前身組織創設以来六五年も掛かった。もっとも国際平和支援法案は、自衛隊に対する不信感とその政治利用のため、何が何でも国会の事前承認を前提とする悪法となった。いまだ「自衛隊からの安全確保」を謀る系譜を感じる。

系譜の源流は昭和二六（一九五二）年、三井本館で米国務省顧問ジョン・フォスター・ダレス（後の国務長官／一八八八〜一九五九年）と会談した吉田茂首相（一八七八〜一九六七年）に遡る。

なぜか評価が高い吉田だが、憲法改正↓再軍備を勧めるダレスの要請を断固拒絶し、《自衛隊からの安全確保》を国体に憑依させ続ける未完成国家へと誘導した責任は限りなく重い。かくして自衛隊は牢獄↓座敷牢↓軟禁と「減刑」されてはきたが、依然隔離されたまま。自衛隊が「無罪放免」され、実力を遺憾なく発揮できるその日こそ、真の憲法記念日を迎える。国際法上の国軍＝自衛隊の投射は、武力行使の有無にかかわらず戦闘能力を有する武装集団である以上、国権の発動に当たるケースが多く、場合によって政治や関係国の承認・同意が必要であることは言を待たぬ。

しかし、国際平和支援法を含め安全保障関係法を国会の事前承認に固定する硬直性は異常だ》

この様な正論が出てきたことに私は隔世の感を覚えます。しかし、この様な正論も政治家には届くことなく、いつまでも同じことが繰り返され続けるに違いありません。

第五章　改めて「自衛隊が守るべきもの」とは？

（1）「国民を守る」のは自衛隊か？　警察か？

今まで自衛隊を取り巻く環境について、縷々《るる》状況を分析し解説してきましたが、私ははじめ体験者自らが疑問を感じていたように、自衛隊の使命は「国民の生命と財産を守る」ことでしょうか？　それは第一義的には警察や消防、海上保安官の仕事ではないでしょうか？

治安維持上、人手が足りないというのであれば増員すればいいだけでしょう。

先述したように、哲学者・田中卓郎氏は「新憲法は軍隊に対する統帥権を否定したから、国軍は宙に浮き消滅したが、国民を守るためには、自衛力が必要だから、行政部門の元に防衛省を設けてその中に〝国軍〟を置いた」と解説しました。（P52図参照）

そうなると、国軍たる自衛隊は、行政府の下にあるわけですから、「内閣府が持つ警察庁と国土交通省が持つ海上保安庁と同列」になり、自衛隊は「国民の生命と財産を守る存在だ」と国民も自衛隊員自身も錯覚したとしてもおかしくありません。

しかし自衛隊は「国家」を守る存在であって、その結果国民とその財産が守られるのだと考えるべきではないでしょうか。

つまり、自衛隊が守るべきものは日本が日本であるための日本独自の「国体」であり、「歴史」であり「文化」であり、その極ともいうべき「天皇＝皇室」ではないでしょうか？日本を日本たらしめているもの、それは言うまでもなく「万世一系の天皇」の存在です。そしてこれこそが日本人が守らなければならない「国体」でしょう。

ところが戦後ＧＨＱによって示された「新憲法」は、その第一章に「天皇条項」を定め、第一条に「天皇は日本国の象徴であり、日本国民統合の象徴であって（the Symbol of the State and of the unity of the people）、この地位は、主権の存する日本国民の総意に基づく」と指定?しました。しかし考えてみると、これ程おかしな話はありません。

占領軍が、勝利した勢いで占領国に押し付けた占領憲法であるにもかかわらず、「国民の総意に基づく」などと日本人の精神性、日本の歴史と文化を無視し責任を転嫁した作文でしょう。これは起草者たちが如何に日本の歴史文化に無知であったかを示す書き方で、天皇こそが日本国体の〝本質〟であることを理解していません。つまり、天皇は人為的な憲法の枠外にあるべき存在なのです。昔だったら「畏れ多い」文章だとして、責任者は〝切腹モノ〟だったに違いありません。だから独立と同時に破棄すべきものだったのです。

大日本帝国憲法の第一条から第四条までの天皇に関する項目は、規定ではなく天皇の存在に関する解説だと理解すべきでしょう。確認事項だといってもいいかもしれません。

ここが「新憲法」との矛盾であって、日本人には理解できないことだといえます。

大体この憲法は、マッカーサー・ノートをうけて、憲法起草の責任者ホイットニー民政局長のもとに二十四名の若いスタッフが集まり、分野ごとに条文を作成してわずか一週間でマッカーサーに提出したものに過ぎません。空自の幹部学校で言えば、初級課程の幹部学生に課題作業を一週間の期限付きで提出させたようなものです。

軍事力で押さえつけられたとはいっても、知的レベルが低い異民族集団に、それこそ〝押っ取り刀〟で書き上げられた「英文憲法」なんぞ、独立した時点で脱ぎ捨てるべきでした。

これをしなかった当時の首相はじめ歴代首相は、万死に値すると私は考えています。

とはいってもすでに七十年もたってしまいました。戦後の日本人のほとんどは〝洗脳〟されてしまっていますから、一朝一夕に憲法を変えることは手続き上困難でしょう。

しかし、絶対に忘れてならないのは天皇を象徴とするなどと「日本国民が総意で決めたのではない」という事実です。仮にそうだとすれば、多数の国民が「天皇はいらない」といえば消滅することになるではありませんか。それでは日本が日本ではなくなってしまうということを今の若い人たちに忘れてもらっては困ります。

考えても見てください。開戦当初、フィリピンに進攻した日本軍に追いつめられて部下を置いて、家族と共にコレヒドール島から辛うじて豪州に脱出したマッカーサー将軍です。最後には特別攻撃隊の体当たりまで見せつけられているのですから、彼が敗戦国日本人の将来を強制的に〝民主化〟しようと〝憲法〟を押し付けたのです。

恐らく彼は、軍人として不名誉な目にあったのですから、いつか必ず仕返ししようと考えていたとしてもおかしくありません。しかし、占領国の法制を勝手に変更することは国際法上許されていませんでしたから、日本人が自ら作り上げたことにしたのです。

こうして日本の歴史と伝統に疎い、異民族が短時間で書き上げた〝憲法〟を占領下で抵抗できない日本国に押し付けたものだと考えるべきでしょう。

ついでに言うと、外国人参政権問題には、この〝毒〟が含まれていることを決して忘れてはならないでしょう。

それに加えて、「民主主義」とは戦後連合国が与えてくれたものではありません。

わが国には、推古天皇の時代（六〇四年）に、聖徳太子が定めた「十七条憲法」がありました。ユナイテッド・ステーツ・オブ・アメリカという国が誕生するはるか以前のことです。

それから約一二六〇年たった慶応四（一八六八）年に明治天皇が「天地神明に誓約する形式」で、公卿や諸侯などに「広ク会議ヲ興シ万機公論ニ決スベシ」「上下心ヲ一ニシテ盛ニ経綸ヲ行フヘシ」「官武一途庶民ニ至ル迄各其志ヲ遂ケ人心ヲシテ倦マサラシメン事ヲ要ス」「旧来ノ陋習ヲ破リ天地ノ公道ニ基クヘシ」「智識ヲ世界ニ求メ大ニ皇基ヲ振起スヘシ」という明治政府の基本方針を示しています。

それを「御誓文」といいますが、西洋に学べと叫ばれていた近代においても、明治天皇は五箇条の御精神を広く天下国家に示されていました。

それから八〇年たった終戦後に連合国が「民主主義」を、遅れていた日本人に与えたというのですが、事実は逆で、連合国の方が「民主主義」という点でははるかに遅れていたとはいえませんか？　その証拠に主要連合国の中にはいまだに「共産主義」から抜け出せず、専制独裁主義を採用している国があるではありませんか。一体どう説明するのでしょう？

（2）終戦間近における帝国陸海軍の危惧＝守るべきものとは

昭和二十年八月、ポツダム宣言を突き付けられた日本政府は混乱します。国家統治の権限、つまり天皇は連合国軍最高司令官に「Subject to」とあったからです。それがどういう意味なのか、政府は混乱し、天皇の御存在に危機感を持ちました。そこで陸・海軍は秘かに天皇護持作戦を計画します。

国体＝「万世一系の天皇を戴《いただ》く君主制：大日本帝国」であると信じて疑わない陸軍は、万世一系の天皇を戴く君主制を守る「国体護持作戦」を立案し、中野学校出身者を中心にした要員で以て陛下の血筋を守ろうと考えます。

他方海軍は、皇国史観の大家である平泉澄《きよし》博士に、国体護持について相談します。すると平泉澄博士は「三種の神器の継承行為」であると答えたと言います。

三種の神器とは、「八咫鏡《やたのかがみ》」「八尺瓊勾玉《やさかにのまがたま》」「草那芸之大刀《くさなぎのたち》」のことを言いますが、この三種の神器が普段何処に温存されているのかは、一般的には承知できません。

ただ、聞くところによると皇宮警察の大きな使命は、これらを守ることだといいますから、凡《およ》そ推察できるのではないでしょうか。

そこで海軍の一部有志は、三種の神器を主体とする「皇統護持作戦」を立案し、祭司としての皇族を守るため、九州五箇荘《ごかのしょう》に潜伏して抵抗せんとしたようですが、双方とも緊迫と混乱した終戦直前の状況下であったため、機密保持に苦労し組織的な行動はとれなかったようです。

ところが平成二十七年七月三十一日の産経新聞の特集「特攻」欄に、海軍兵学校出身で元空将補の湯野川守正氏（九四）の体験談が掲載されました。

湯野川氏は、特攻桜花隊の第3分隊長でしたが、桜花を運搬中の空母が撃沈されたため出撃の機会がなくなり富高基地（宮崎県）で終戦を迎えます。

神雷部隊は二十年八月二十一日に小松基地（現空自基地・石川県）で解散しますが、湯野川氏には密命が下されます。記事にはこうあります。

《翌二二日にゼロ戦を操縦し、徳島の第二徳島基地に向かう。すでに生存者名簿からは名前が消されていた。「広島県広島市田中町一四番地出身、723空一等整備兵曹　吉田実」が新しい名前だった。偽の復員書が作成され、潜伏費用として二万円が支給された。

潜伏場所に知人のいない山陰地方を選び、島根県の温泉津に居を構えた。湯川さん（注：れい子さん＝湯野川先輩の妹で作詞家）は「軍の機密事項だから詳しくは聞かなかった」と前置きした上で、現在は入院中の湯野川さん（九四）に代わって「兄から聞いた話だと、極東裁判などで天皇陛下に戦争責任が及んだ場合に、陛下をどこかにお逃がせするという作戦があったようです。終戦時、自決しようと思ったが、その時間も与えられず、呼び出されて『地下に潜ってくれ』と密命を受けたようです」と話す。

密命は同年一二月一二日に解除され、湯野川さんは二一年一月下旬、疎開先の山形県米沢市の父親の実家に戻った》

この証言からも、海軍が天皇護持作戦を計画していたことがわかります。

少し余談になりますが、私は二〇〇九年十月に講談社から「金正日は日本人だった」を上梓したのですが、この時陸軍は、朝鮮半島赤化防止（ソ連の三十八度線以南への侵攻阻止）のために、残置諜者を各地に配備しています。北朝鮮に残置されたのは「金策＝日本名・畑中理」でした。戦後三十年間もフィリピンのルバング島に潜伏していた小野田寛郎少尉もそうでしたし、中国戦線でスパイとして活躍した憲兵・深谷義治氏も、敗戦後も極秘指令を受け上海に潜伏しました。しかし、中国当局に拘束されて拷問、栄養失調、結核、左目失明…という苦難に会いますが、不屈の精神で迫害を耐え抜き、一九七八年に釈放され、一家は日本に帰国しました。中国から帰国後三十六年たって次男が悲劇のすべてを伝える「日本国最後の帰還兵 深谷義治とその家族（集英社）」を出版しました。

実に凄絶な戦争秘史ですが、彼がなぜ完全黙秘したのか、何を守ろうとしたのかは不明です。しかしこのような旧帝国陸海軍が終戦直後の混乱期にもかかわらず、護国の砦を築いていた事実と、その遠大な構想には感服する以外にありません。

全ては天皇護持精神と愛国心の発露から来たものでしょうが湯野川氏に関する産経の記事はこう続きます。

《復員した湯野川守正さんは下関掃海隊の指揮官や長崎・香焼島でのサルベージ、海上警備隊などを経て昭和二九年、海上自衛隊が発足すると即座に入隊する。（中略）

湯野川さんの言葉からは心の奥底にある敗戦の悔しさと、敗戦の経験を生かして国を守りたいという切実な思いが伝わってくる。

湯野川さんはその後、国際情報調査２課長や航空実験団司令などを歴任して五一年七月、空将補で退官する。湯野川さんもほかの元特攻隊員と同じように「生き残った」ことへの自責の念が強かった。（中略）

湯野川さんが精神的に落ち着きを取り戻したのは二二年一一月、島根県の温泉津に潜伏中に知り合った若林久子さん（享年七八）と結婚してからだ。当時、湯野川さんは二六歳、久子さんは二一歳だった。

「桜花で七〇人から八〇人を出撃させた。みんな、優秀な青年たちで、明るく笑っていったんだよ。何回も自分を出撃させてくれと頼んだが、最後まで出撃させてもらえなかった」が口癖で、九四歳になった今も「自分はこんなに生きていていいのか」と話すという。（以下略）》

（3）天皇に捧げた息子＝特攻隊員の母の覚悟

さて、天皇という御存在がどのようなものであるのかについて、国民が取った行動の実例の一部をすこしばかり書いておきましょう。

平成二十七年七月二十九日の産経新聞に【特攻　戦後七〇年】という連載が始まりましたが、その「特攻」第二部は、特攻隊員を送り出した親族らの思い、復員した元特攻隊員らの戦後七〇年を伝えるものだとして、「今までは国にあげた子やった」という気丈な母が三十二年間封印していた特攻隊に関する記事を、編集委員の宮本雅史記者が書きました。

《昭和五十二年五月二十八日。自宅で長男の三十三回忌法要を終え、墓前で線香をあげようとした瞬間、七十五歳の母親は長男の名前を繰り返し叫びながら泣き崩れた。

そんな母親の姿はそれまで家族全員、誰も見たことがなかった。三男が駆け寄り肩を貸しながらどうしたのかと聞くと、「今まで日本の国にあげた子供やったんや。天皇陛下にあげた子供やったんや。でも、今日の三十三回忌でやっとわしの子供になったんや」。母親はそうつぶやくと、大声を出して墓石にしがみついた》

陸軍特攻隊第54振武隊の隊員として鹿児島県・知覧飛行場を出撃を飛び立ち、沖縄近海で散華した中西伸一少尉（享年二二）の母、中西時代《ときよ》さん（享年八三）の話です。

伸一少尉（戦死後大尉）は六人兄弟の長男で、小学校の校長をしていた父の後を継いで教員になろうと和歌山県師範学校へ入り、一八年春、卒業と同時に地元の和田国民学校の教壇に立ったが、一カ月足らずで退職、陸軍特別操縦見習士官に志願したといいます。

「兄は父親に『戦争が激しくなってきた。教師をしているときじゃない。飛行兵にならにゃあ』と迫っていたが、父親は黙ってうなずいていました」と弟の小松氏は言い、母・時代さんの毅然とした態度を鮮明に覚えていて、「特攻隊は必ず死ぬのは分かっていたが、それより、息子に国のために役立ってもらいたいという思いの方が強かったのだと思う。兄貴の特攻志願は中西家にとって誇りだった」と語っています。

家族全員が死を確信していた四月二五日夜、飛行機が故障したため、新しい飛行機を受け取りに明野飛行場に来た、と少尉が突然帰ってきました。そして翌朝、「小松さんは両親ら三人と御坊駅で兄を見送る。少尉が汽車に乗ろうとすると、時代さんが身を乗り出し大きく手を振って『伸一、手柄立ててようっ』と何度も叫んだそうです。

その九日後の五月四日昼ごろ、明野飛行場から知覧に戻る途中だった少尉の操縦する飛燕戦闘機が自宅上空に現れます。小松さんは屋根の上から日の丸を振り、時代さんは庭で大きく手を振りました。少尉は自宅上空を四、五回旋回した後、西の方向に飛び去って行きます。

そして六月中旬に、中西家に特攻機を護衛した直掩機の搭乗員が訪ねてきて、少尉が五月二八日早朝、沖縄周辺海域で敵艦に突入して戦死したことを告げます。

ところがその報告を聞いた時代さんが即座に「ありがたい。手柄を立ててくれたの、伸一。ようやった」と小躍りしたのです。

特攻隊を志願したときも、最後の別れをしたときも涙を見せず、特攻隊員として突入した報を聞いたときは小躍りさえした時代さんでしたが、三二年間、母親の思いを封印し続けた時代さんは、三十三回忌法要で流した初めての涙で、ようやく戦争の呪縛から解き放たれたというのです。

少尉は、上空から故郷に最後の別れをした際、一度は教鞭をとった和田国民学校の上空も旋回していました。そして教え子たちは運動場で手を振り別れを告げました。

当時六年生だった女性がその時の気持ちを慰霊祭の弔辞にこう書いています。

《「私たちは夢中に手を挙げて先生先生と声をかぎりに叫んだ。先生も機上からお前たちもしっかりやれよとおっしゃって下さって居る事だろう…略…先生はきっと敵艦上で花々しく戦死された事であらう…略…先生の御たまは永久に私達の心を去りません」

そして女性は最後にこう結ぶ。
「あの特攻精神こそ、現在の我が国になくてはならぬ正しい正儀（原文ママ）の道です。今日の慰霊祭に當り、中西先生の生前をしのび恩をあらたにし、お教を固く守って新日本建設にまい進いたします。私達の目の前に見せていただいたあの精神は、言はづともよくわかります。きっと私達も先生の御意志にそいます」と。（以下省略）》
そして記事はこう結んでいます。
《括目したのは当時の母親の強さである。三十三回忌に七十七歳を迎えた時代さんは、「今まで日本の国にあげた子供やったんや。天皇陛下にあげた子供やったんや。でも、今日の三十三回忌でやっとわしの子供になったんや」。母親はそうつぶやくと、大声を出して墓石にしがみついたというのである》

元戦闘機乗りだった私には、少尉の気持ちはもとより、記事に登場する人物の心が痛いほどよくわかります。

当時、ほとんどの陸海軍将兵たちは、「天皇陛下万歳」と唱えて散華していったと聞きます。一部〝有識者〟の中には、「そんなことはない。戦後のねつ造だ。特攻隊員は『おかーさん』と言って突っ込んだのだ」などと子供たちに教えているようですが、私が多くの先輩方から聞いたところでは、ほとんどが素直に「万歳」と叫んで散っています。

第一この〝有識者〟は、特攻隊員の最後の声の録音を聞いたとでもいうのでしょうか？当時の特攻機には「ヴォイスレコーダー」はついていませんでした…

満州の守備に就いていた砲兵部隊では、不法に侵攻して来たソ連軍を砲撃して多大な損害を与えたものの砲弾が尽きます。

すると一同皇居と各人の郷里に向かってそれぞれ遥拝し別れを告げた後、「そろそろ行くか」と声を掛け合って陣地内の砲座に集合して爆薬に点火して砲もろとも玉砕したのです。

その様子を見たソ連軍は声もなく、生き残った日本兵を丁重に扱ったそうですが、そんな鬼神をも泣かしめる行為が平然と行われる軍隊とは、どのような組織なのか、スターリンの命で動くソ連軍将兵にはまったく理解できなかったに違いありません。日本軍の将兵には「皇軍兵士」としての誇りがあったのです。

（4）「天皇陛下の御為に」英霊の遺書

平成二十七年八月号の「靖国」にフィリピンで戦死した木崎徹治陸軍曹長、同九月号に神風特別攻撃隊菊水部隊銀河隊員として散華した本仮屋孝夫海軍少尉の遺書が掲載されました。遺書には、当時の青年の心意気がよく表れていると思います。特に一陸兵として散華した木崎曹長の言葉は重く響きます。

又、本仮屋少尉は、昭和五十四年、私が築城基地勤務時代に築城基地を飛び立った五機の銀河の乗員十五名を鎮魂するため、隊員有志らとともに建立した「出撃の地」の碑にその名を刻んだ方です。若干二十歳の少尉の兄宛の遺書には「大君の御為に」として曇りのないすがすがしい決意が書かれています。

私は「ほとんどの将兵が天皇陛下万歳」と叫んで散ったと書きましたが、その一端がおわかりいただけるだろうと考え、ここに掲載しておこうと思います。

「天皇陛下の御為に」

陸軍曹長　木崎徹治命

昭和二十年一月三日
フィリピンミンドロ島にて戦死
埼玉県北葛飾郡豊野村出身　二十三歳

天皇陛下の御為に、米英撃滅の決戦の大空に悠久《ゆうきゅう》の大義に就かんとす。男子の本懐此れに優《すぐる》無し。

長年の御教訓に遵《したが》ひ死所を得たる徹治は幸福者です。貧苦の中にも良き御教育の道を戴き有難うございました。

　徹治戦死の報あるも決して悲しんで下さるな。一日も早く病全快せられ、御母様共々末長く達者で御暮らしの程御祈り致します。

彰介は立派な人間にして下さい。小生の貯金其の他は、弟妹等の教育費に御使用願ひます。

兄上木崎家の興隆を切に御願ひ致します。弟妹達仲良く身体を大切に勉強して立派な人間になって孝養を盡すを怠るな。

嗚呼、大東亜永遠の平和確立の暁を見よ快なる哉。

徹治

父母様
兄弟妹様

【八月社頭掲示】（「靖国」二十七年八月号）
「大君の御為に」
海軍少尉本仮屋孝夫命
昭和二十年三月十八日
九州東方海面にて戦死
鹿児島県姶良郡霧島村出身　二十歳
兄上様　お喜び下さい。
今度、特別攻撃隊員に選ばれて明日愈々出撃することになりました。大君の御為に役に立つ時が来たのです。男子の本懐これに過ぐるはありません。笑って突っ込んで行く覚悟です。万里の怒涛を乗り越えて、敵陣に黒丸一家がなぐリ込みをかけるのです。こんな愉快なことはありません。兄上様にも喜んでいただけると思ってます。生きて還らぬ決死の突撃隊です。出水に居る頃は、本当に御世話様に相成リました。深く深く感謝致しております。御恩は死んでも忘れません。姉上様にもよろしく御伝え下さい。

「男子生まれ空行かば雲染む屍悔あらじ」歌にもあります。大空の果て珠と砕けるは、我々の最も本懐とする所です。桜の花が世の人に愛されるのは、惜しまれて散るからです。人間も世の人に惜しまれて散る所に良い所があるのです。人間死場所を逸したらろくな最後はとげられません。私が死んでもどうか悲しまずに大君の御為によくぞ死んだ天晴れな最後だったとほめてやって下さい。

兄上様、姉上様、憲ちゃん、敬ちゃん達の健康を草葉の陰より祈っております。

さようなら

花は桜木陸爆乗りは若い命を惜しませぬ
花のつぼみの二十で散るも何か惜しまん君のため
還らじとかねて思えば梓弓
咲く春を待たずして我は散るなり

【九月社頭掲示】（「靖国」二十七年九月号）

（5）天皇の終戦御決断の偉大さ

里見日本文化学研究所客員研究員・宮田昌明氏は「国体文化＝国家なき時代を領導する」8月号に、「大東亜戦争終戦略史―歪曲されてきた昭和天皇の意思とその周辺」という次のような一文を書いています。

《大東亜戦争は、昭和二十年八月九日深夜（十日未明）と、十四日の二度の聖断、すなわち昭和天皇の決断によって、終結した。終戦における昭和天皇の存在は決定的に大きかった。それだけに、昭和天皇に対する評価は様々である。しかも日本の終戦は、原爆投下とソ連の参戦という非常事態の中で決定されており、昭和天皇は当初の想定を大きく超えた深刻な事態の中で、決断を迫られたのである。（以下略）》

昭和天皇の御決断によって大東亜戦争を終結させようとする構想は、東条英機内閣の外相であった重光葵と木戸幸一内大臣、およびその周辺で検討されていて、サイパン陥落を契機に一気に具体化しますが、この時は東条内閣を退陣させたのみで終ります。

昭和二十年三月十日未明の東京大空襲で、東京市東部地域が焼失し死者十万人を超えますが、昭和天皇は十八日に被災地を視察されます。天皇自身が受けられた衝撃は大きかったでしょう。

ひきつづいてアメリカ軍が沖縄に上陸を開始します。そして小磯内閣が総辞職、即日、鈴本貫太郎に組閣命令が下ります。更にこの日、ソ連が日ソ中立条約の不延長を通告してきます。

鈴木内閣は七日に成立し、外務大臣に東郷茂徳が就任しましたが、東郷は終戦に向けて、首相、外相、陸海軍大臣、参謀総長、軍令部総長という、内閣と軍部の限られた最高責任者で方針を定め、それを下僚に徹底していくこと。並びに、ソ連を仲介国とする方針でした。東郷がソ連を仲介国に選んだのは、スイスやスウェーデンといった中立国を通じた和平交渉では期待できなかったことと、アメリカに対して対等な地位にある強国が適切だと考えたのですが、あれほどソ連を仮想敵としてきた陸軍がソ連仲介に同意したのです。それは五月七日にドイツが降伏すると、陸軍はソ連の参戦を防止する外交措置を東郷に求めたからです。東郷はそれを利用したのでしたが、私はこの決定には不満です。

六月八日の御前会議は、本土決戦の方針を定めますが、他方、沖縄戦終結前日の六月二十二日、政府はソ連に対する和平仲介依頼を実施するというダブルスタンダードに出ます。

広田と駐日ソ連大使マリクとの会見が行われ、近衛文麿元首相を特使としてモスクワに派遣することが決定されました。そこで東郷は、近衛特使の派遣についてソ連側に対し「戦争の終結に関する大御心を伝へ置くこと適当なりと認めらる」とする次の訓令を発したのです。

「天皇陛下に於かせられては今次戦争が交戦各国を通じ国民の惨禍と犠牲を日日増大せしめつつあるを御心痛あらせられ、戦争が速かに終結せられんことを念願せられ居る次第なるが、大東亜戦争に於て米英が無条件降伏に固執する限り帝国は祖国の名誉と生存のため一切を挙げ戦ひ抜く外無くこれがため彼我交戦国民の流血を大ならしむるは誠に不本意にして人類の幸福のためなるべく速かに平和の克服せられんことを希望せらるる。

なほ右大御心は民草に対する仁慈のみならず一般人類の福祉に対する御思召に出ずる次第にして右御趣旨をもってする御親書を近衛文麿公爵に携帯せしめ貴地に特派使節として差遣せらるる御内意なるに依り右の次第を「モロトフ」に申し入れ、右一行の入国方につき大至急先方の同意を取り付けらるる様致されたい」

つまり東郷はポツダム会談に先立ち、日本の和平の意思、昭和天皇が国民の犠牲を少しでも抑えようととりわけ人道的見地から早期終戦を望む意向を伝えようとする、昭和天皇御自身の真摯かつ強い意志に基づいたものであったとしています。

しかしこの訓電を受けたソ連は、直ちに対日戦を発動しようと考えます。それはそうでしょう。彼らに「人道主義」が通じるはずはないのですから。これは天皇の強いお気持であったにせよ、スターリンに仲介を要請するという、側近たちのとてつもない判断ミスだったように思えてならないのです。

宮田昌明氏は「昭和天皇が人道主義の見地から無条件降伏以外の終戦を目指したのは、無条件降伏がアメリカの非人道的行為を追認するものとなり、また、降伏後のアメリカの対応に信頼が置けなかったからである。日本軍の残虐行為なるものを宣伝してきた戦後歴史学は、人命尊重という、最も純粋かつ明瞭な昭和天皇の終戦理由を無視ないし否定してきた。戦後歴史学の不見識であり、歴史の捏造にも相当する」と書きました。それには同感ですが、如何にせっぱつまっていたにせよ、東郷外相が仲介にソ連を選んだことは理解できません。むしろ直接米国に対してアクションを起こすべきだったろうと思います。

沖縄戦開始後の四月十二日、日米開戦を待ち望んだアメリカ大統領フランクリン・ルーズベルトが死去し、後任にトルーマン副大統領が昇格していました。

日米開戦後、ルーズベルトはイギリスとソ連に莫大な戦略物質を与え、ソ連に対しては対日参戦を求め続けていました。彼だったら無理だったでしょうが、トルーマンに交代していたのですから、昭和天皇の御意志は或《ある》いは伝わったのではないか?と思うのです。

ドイツ降伏後の五月中旬に、ソ連に対する武器貸与は停止されます。しかし、既にハリー・デクスター・ホワイトなどアメリカ政府内に潜んでいた容共派が活動し、トルーマンは動揺していますから、天皇の人道的なお言葉をどれほど理解しようとしたかには疑問が残りますが……八月九日、ソ連が突如参戦します。御前会議はポツダム宣言受諾について、国体護持・皇室の御安泰のみとするか、自主的武装解除などを付け加えるかで論争になり、昭和天皇の御決断で受諾が決定されます。その際天皇は、陸軍の徹底抗戦戦略を批判され、

「……これではあの機械力を誇る米英軍に対し勝算の見込みなし。朕の股肱《ここう》たる軍人より武器を取り上げ、又朕の臣を戦争責任者として引渡すことは之を忍びざるも、大局上明治天皇の三国干渉の御決断の例に倣ひ、忍び難きを忍び、人民を破局より救ひ、世界人類の幸福の為にかく決心したのである」と述べられます。

連合国の回答は、前述したように天皇と日本政府を「連合国に従属させる」と共に、日本の政体を「日本国民の自由に表明された意思」によって定める、としていたので、日本政府内で再度、受諾反対論が生じますが、昭和天皇は再び受諾の意向を表明され、終戦が決定したのです。

ここで言っておきたいことは、この様な天皇の「人道的御意志」はソ連から米国にも伝わっていたのですが、宮田昌明氏は「にもかかわらず、ソ連は対日参戦し、アメリカは原爆を投下したのである。皇室の存続のため、国民の虐殺を容認する降伏条件などあり得ない。昭和天皇は、天皇としての責務から、過去より連綿と続いてきた皇室の安泰、国民の安全、そして日本

の名誉のために、全力を尽くそうとしたのであって、それらの目的に優劣を設定し、昭和天皇の早期終戦の意図や国民への思いを否定するかのような議論は、詭弁である。しかも日本政府にとって、国体護持とは国家主権の核心であった」と書きました。

やがてアメリカは天皇の政治利用を考えますが、人道的見地から早期終戦を求めた昭和天皇の真意には無関心でした。

宮田昌明氏は「そうした昭和天皇、ソ連の仲介を目指した東郷外相、ソ連の対日参戦を予見できなかった佐藤大使、いずれの情勢判断も誤っていた。しかし、何より非難を負うべきは、ソ連の対日参戦の可能性から目をそらし、組織の体面にとらわれて終戦を決断できなかった陸軍である。といって、それらの失態は、昭和天皇が人道的見地から終戦を決断したという事実を否定しない。終戦をめぐる日本の最大の失敗は、アメリカとソ連の傲慢さ、残虐性を過小評価したことであったが、そうした情勢こそが、昭和天皇に人道的見地からの即時終戦を一層強く決意させたのである。原爆投下とソ連参戦は、八月十日未明の聖断を不可避にした事態であった。しかし、それ以前に日本の終戦の意志は固まっており、いずれが終戦を決定づけたか、という議論に、あまり意味はない」と述懐していますが同感です。これが「戦争」という殺し合いの実態なのです。とりわけ戦争は、開戦は比較的容易ですが、終戦は非常に困難です。

当時、我が国は幸いにも天皇が御健在でした。そこで、軍も政府の誰もが決断できなかった「終戦」が実現したのです。

いずれにせよ、戦後民主主義にとっぷり漬かった〝平和国家〟日本の戦後政治家たちには、仮に「防衛出動」は下令できても、戦争終結の決断と行動が出来るでしょうか？

阪神淡路大震災の時の村山首相や、3・11発生時の官邸の慌てぶり、混乱ぶりを見た私は自衛隊の最高指揮官である総理大臣には全く期待できないと感じました。

この様な国家存亡の事態に対処するには、やはり彼ら以外の、強力な指導力を持つ御存在であるお方が不可欠だと思います。

大東亜戦争当時の錚々《そうそう》たる宰相たちでさえも、終戦への強いリーダーシップを発揮し得なかったのですから……。

繰り返しますが、今後、万一自衛隊に「防衛出動」下令という非常事態が起きた時に、このような重大な決断が、一般人から選ばれた？政治家らにできるだろうかと私は強い疑問を感じます。終戦という国家存亡の危機迫る中に於いてさえも、当時の政府首脳はただただ無策であり、次々と政権は交代して、いたずらに被害を大きくした感がありました。決断できない指導者の存在は、国民に取って不幸以外の何物でもないでしょう。

この例からも、私には自衛隊の最高指揮官とされる〝一般人〟首相に、陛下のような決断力も仁徳力も求心力も望めないとほぼ確信するに至りました。

塩野七生女史も、そのことを感じ取っていたのかもしれません…

「息子を天皇に捧げた母」「天皇陛下の御為に、米英撃滅の決戦の大空に悠久の大義に就いた二十三歳の陸軍曹長」「天皇陛下万歳を唱えて散華した将兵たち」…

この様な国民が、戦後民主主義下に育った日本人の中に残っているのでしょうか？

私には国家の最高指導者はやはり万世一系の天皇を置いてほかに在るまいと思われるのです。

戦後における政治形態や組織上の差はどうであれ…

（6）先帝陛下の大御心

産経の「from Editor」欄に、九州総局長の野口裕之記者はこう書いています。

《先帝（昭和天皇）陛下は昭和二十四年、佐賀県に行幸あそばされた。敗戦で虚脱した国民を励まされる全国御巡幸の一環で、ご希望により因通寺という寺に足を運ばれた。地元の友人から聞いたその際の逸話に、陛下が背負い続けた深い悲しみと苦しみが滲む。住職・調寛雅《しらべかんが》氏の著書『天皇さまが泣いてござった』（教育社）に詳しいが、そのお姿は刻苦を正面から引き受ける修行僧のようでもある。

寺では境内に孤児院を造り、戦災孤児四十人を養っていた。陛下は部屋ごとに足を止められ、子供たちに笑みをたたえながら腰をかがめて会釈し、声を掛けて回られた。ところが、最後の部屋では身じろぎもせず、厳しい尊顔になる。一点を凝視し、お尋ねになった。

「お父さん、お母さん？」

少女は二基の位牌を抱きしめていた。女の子は陛下の御下問に「はい」と答えた。大きく頷かれた陛下は「どこで？」と、たたみ掛けられた。

「父は満ソ国境で名誉の戦死をしました。母は引き揚げ途中で病のために亡くなりました」

「お寂しい？」と質された。少女は語り始めた。

「いいえ、寂しいことはありません。私は仏の子です。仏の子は、亡くなったお父さんとも、お母さんとも、お浄土に行ったら、きっとまた会うことが出来るのです。お父さんに、お母さんに会いたいと思うとき、御仏様の前に座ります。そして、そっとお父さんの、名前を呼びます。するとお父さんも、お母さんも私の前にやって来て抱いてくれます。だから、寂しいことはありません。私は仏の子供です」

陛下は女の子の頭を撫で、「仏の子はお幸せね。これからも立派に育っておくれよ」と仰せられた。見れば、陛下の涙が畳を濡らしている。女の子は、小声で「お父さん」と囁いた。陛下は深く深く頷かれた。

側近も同行記者も皆、肩を震わせた。実はこれより前、陛下にお迎えの言葉を言上した知事が、嗚咽で言葉を詰まらせていた。側で見て「不覚をとるまい」と腹を据えた住職も落涙した。それればかりか、ソ連に洗脳されたシベリア帰りの過激な共産主義者の一団まで声をあげて泣いた。彼らは害意をもって参列していた。

皆、陛下のご心中を察しつつ、その温かみに感極まったのだ。自らの戦中・戦後も自然、重ね合ったに違いない。日本から皇統を取り去ったら、何が残るだろうか（九州総局長　野口裕

之）》

そして平成二十七年八月号の「靖国」には、昭和三十四年、千鳥ヶ淵戦没者墓苑での昭和天皇御製が掲載されています。

「国のため命ささげし人々のことを思へば胸せまりくる」

又、昭和三十七年の「遺族のうへ思いて」という昭和天皇の御製は、

「忘れめや、戦の庭にたふれしは、暮らしささへしをのこなりしを」

というものでしたが、これらの御製からも戦場に散った英霊とその遺族に対する先帝陛下の大御心が痛いほどよく伝わってきます。

仁徳天皇の有名な御製は、

「高き屋に　登りて見れば煙立つ　民のかまどは　賑わいにけり」

というものでした。

この民を思う心こそが歴代天皇に受け継がれてきた「大御心」だといえるでしょう。

これ等、先帝陛下の大御心がよく表れている御製こそ、前掲の横地光明・元陸将が「自衛隊を国民の負託に応えさせる道として、『士は己を知る人の為に死す』」と書いた内容に通じるものだと私は思います。

危険を顧みず任務に当たることを宣誓した自衛官と雖《いえど》も人の子です。親も妻も、子供もいる同じ国民なのですが、富士の演習場で三カ月間に及ぶ厳しい訓練を終えて練馬の部隊に戻ってきた若いレンジャー訓練隊員たちが、〝一部の反日活動家たち〟とはいえ、市民から心無い罵声を浴びせられれば、心穏やかでいられるはずはありません。しかし、彼らはじっと耐えました。

改めて強調しておきたいと思いますが、創設以来六十年余、黙々と任務にまい進してきた自衛官とはいえ、正しく評価されないことに耐えられるほどの聖人君子ではないということです。もっとも、反戦グループは、そんな強靭な体力と精神力を持つ自衛官らの堪忍袋の緒が切れることを期待しているようですが、おそらく隊員らはその手は食わないでしょう。心身共に訓練されている隊員たちの〝人間性〟は、彼等とはレベルが違うからです。

（7）3・11直後の被災地御巡幸＝感動に包まれた松島基地

平成二十三年三月十一日（金）に発生した東日本大震災は、惰眠をむさぼっていた日本国民に衝撃を与えました。政府は慌てふためき、普段大言壮語していた割には葦の髄から天井を覗く有様で、特に菅首相は怒鳴り散らすだけで有効な処置をとりえませんでした。

津波発生直後に菅総理は、規定計画に従って出動準備中の東北の部隊を飛び越えて、陸幕長に対して、いきなり「十万人出せ！」と命令しました。

総理に就任した直後まで「自分が自衛隊の最高指揮官であること」さえ知らなかった総理は、恐らく自分が指揮しているかのようにアピールしたかったのでしょうが、現場を知らない唐突な命令であり、十万人の根拠さえ不明でしたから、現場は混乱しました。

これは我が国の歴史に残る汚点になりましたが、自衛隊は粛々と行動しました。この時奇妙な指示が出されていなければ、もっと動きは良かったかと思うのですが、何しろ「シビリアン・コントロール」下で動くようにしつけられていましたから、現場は大変な苦労を強いられています。

続いて福島原発が被害を受けたと知るや、菅総理は自ら東京電力本社に出向いて幹部らを集めて叱責しましたが、このため貴重な三時間が失われ、現場の初動対処が遅れて放射性物質を拡散させるという二次被害を招いたのでした。しかし、菅首相は反省も責任もとろうとしません。国民による〝総括！〟が必要ではないでしょうか？

3・11では間髪を入れず同盟国の米四軍が行動してくれたことは周知のことでしょう。いわゆる「トモダチ作戦」です。

その後の経過はご承知の通りです。私が司令を務めた松島基地には、被災地上空を経由して自衛隊の連絡機で両陛下がお入りになりましたが、眼下にご覧になった未曽有の大被害に御心を痛めておられました。基地司令らのご案内で庁舎にお入りになったものの、ひと声も発せられることがなかったといいます。如何に御心痛だったことか、基地司令らもしばし無言でした。

そのお姿を見た隊員たちは、心から感動するとともに、復興に全力を尽くしました。防大でも各種学校でも、天皇と自衛隊の関係など全く教育されてこなかった隊員達ですが、そのお姿を遠く拝見しただけで勇気が湧いたと言います。

この時の政府の混乱ぶりと、指揮統率のでたらめぶりを見た多くの隊員たちは、おそらく「シビリアン・コントロール」と念仏のように唱えさせられてきたことの〝無意味さ〟を感じ、やはり日本人の団結の中心には天皇がある！　と悟ったことでしょう。

私は今でも良く「シビル・〝アン〟コントロール」と言って聴衆の笑いをとっていますが、

松島基地に御着きになった両陛下のお姿を見たかつての部下たちは、私の指摘が正しかったことを感じたに違いないと思います。

前述した横地先輩は、「組織にとって最も大事なことは構成員の『心・魂』であり、『士は己を知る人の為に死す』（史記）、そして『臨時の信は功を平日に累《かさ》ぬればなり』（西郷南洲遺訓）」であると書きました。

「己を知る〜」は良いとして、南洲翁のそれは「臨時の信は、功を平日に累《かさ》ね、平日の信は、効を臨時に収む」と言うものであり、その意は「俄かの出来事をうまく処理して信用をかちとり、その功績が土台になって、平日の信用がますます加わる場合がある。また、平日の信用があるために、時に臨んで手柄を顕すこともある。これら両者を比較すると、前者は偶然に起こることであり、後者は日頃の行ないの当然の結果である」とされています。

両者ともに趣がある味わうべき言葉だと思いますが、やはり平日に信を重ねていないシビリアンによる〝功を焦った行為〟では手柄を表せないのではないでしょうか？

松島基地にご到着以降、一言も発せられなかった陛下のお姿は、犠牲者とそのご遺族らに思いを寄せられていたお姿であり、政治家のようにメディア受けだけを意識して動く存在とは違った、厳かな雰囲気があったわけで、既にこの時点で隊員たちは「己を知る人の為に死す」覚悟が出来ていたといっても過言ではありません。

(8) パラオ、ペリリュー御慰霊の旅

ご高齢にもかかわらず、今年四月八日、両陛下は太平洋上の激戦地、パラオをご訪問されました。出発前に陛下は「十年来の宿願かなえられるご覚悟」がありありだったと報じられていました。

それは前述した先帝陛下(昭和天皇)の御製でもよくわかります。陛下は英霊たちの供養とその遺族らに対する思いを常に忘れてはおられないのです。

産経新聞はこう書いています。

《戦後七〇年での戦没者慰霊のため、パラオ共和国を八日に訪問された天皇、皇后両陛下。天皇陛下は出発前、「この訪問の実現に向け、関係者の尽力を得たことに対し、深く感謝の意を表します」と述べられた。このお言葉には、厳しい条件を受け入れつつ十年来の宿願をかなえられることへの覚悟が込められている。

戦後五〇年の平成七年に長崎、広島、沖縄、東京・下町をめぐる「慰霊の旅」を果たした後、陛下は側近に「今度は南洋に慰霊に行きたい」と相談された。慰霊の旅を終えた感想の中でも

「遠い異郷」との言葉で、海外での戦没者や遺族への強い思いを示された。

南洋の地として、日本の委任統治領だったパラオ、ミクロネシア連邦、マーシャル諸島共和国の三カ国が検討されたが、移動手段の問題などで断念。両陛下は平成一七年六月、米自治領サイパン島で初めて海外での慰霊を果たされた。

ただ、宮内庁幹部は「サイパンで海外での慰霊を済まされたということはない。両陛下のお気持ちに終点はない」という。別の側近も「パラオを含む南洋への慰霊のお気持ちはこの十年の間、弱まることがなかった」と打ち明ける。

一月にパラオご訪問が正式決定すると、防衛省や厚生労働省の担当者から戦禍や遺骨収集の現状について改めて説明を受けられた。出発前のお言葉では「美しい島々」と「悲しい歴史」を対比、戦争の悲惨さを忘れないよう訴えられた。

さらに、米国側の戦没者にも思いを寄せるとともに、パラオの人々が日本の遺族に代わり、慰霊碑の清掃や遺骨収集に尽力してくれたことにも謝意を伝えられた。移動の問題をクリアするため、異例の宿泊先として海上保安庁の巡視船を活用することも「関係者の尽力」に含まれるだろう。

「一度口にされたことは、必ず実行される。パラオご訪問は、両陛下のお姿そのものだ」。側近の一人はこう強調した》

こういう御存在であればこそ、国民は喜んで息子を差し出し、将兵はいかなる困難をも耐え忍び、「天皇陛下万歳」と唱えて玉砕できたのです。

戦後創設された自衛隊という建軍の本義なき〝おもちゃの軍隊〟でも、それを構成している自衛官の魂は少しも変わっていないことを感じます。

自衛隊は政治の世界から常に「政争の具」として扱われてきましたが、首相から「軍隊ではない！」と言われようと、駆逐艦を「護衛艦」、工兵を「施設科」と呼ぼうとも、武人としての隊員らの心意気は、昔も今も少しも変わっていないことを国民に知ってほしいと思うのです。

（9）市丸海軍少将のルーズベルト大統領あての手紙

戦場に散った数多の英霊方が、天皇をどう認識していたかについては、硫黄島で玉砕した市丸海軍少将がルーズベルト大統領宛に書いた手紙を読めばはっきりしています。

戦後の日本人は、ことあるごとに「平和、平和」と叫んで強調しますが、もちろん世界が平和であるに越したことはありません。

しかし叫ぶだけで平和が来るのであれば、数次に及ぶ世界大戦は起きなかったでしょうし、未だに中東に平和がもたらされていないのは不思議です。しかし硫黄島で玉砕を前にした市丸少将は、冷静に日米間に起きた戦争を分析し、世界平和とは天皇の御意志であることを敵の首魁に説いています。

短い文章ですが実に見事に世界の現状を率直公平に見抜き、世界の指導者を気取るルーズベルトに対して諫言していますが、むしろ市川少将の方が人間として優れていたといえるでしょう。この中に当時の日本人が抱いていた「天皇観」が凝縮されていると思いますので、旧仮名遣いでなじめないかと思いますが、「ルーズベルトに与える書」を原文のまま引用しておきます。

《日本海軍市丸海軍少将、書を「フランクリン・ルーズベルト」君に致す。

我、今、我が戦いを終わるに当り、一言貴下に告ぐるところあらんとす。

日本が「ペルリー」提督の下田入港を機とし、広く世界と国交を結ぶに至りしより約百年。この間、日本は国歩《こくほ》艱難《なんかん》を極め、自ら慾せざるに拘らず、日清、日露、第一次欧州大戦、満州事変、支那事変を経て、不幸貴国と干戈《かんか》（戦争）を交ふるに至れり。

これを以って日本を目するに、或は好戦国民を以ってし、或は黄禍を以って讒誣（ざんぶ＝中傷）し、或は以て軍閥の専断となす。思はざるの甚きものと言はざるべからず。貴下は真珠湾の不意打ちを以って、対日戦争唯一宣伝資料となすといえども、日本をしてその自滅より免るるため、この挙に出づる外なき窮境《きゅうきょう》に迄追い詰めたる諸種の情勢は、貴下の最もよく熟知しある所と思考す。

畏くも日本天皇は、皇祖皇宗建国の大詔に明かなる如く、養正（正義）、重暉（明智）、積慶（仁慈）を三綱《さんこう》（人道の大本となる道）とする、八紘一宇の文字により表現せらるる皇謨《こうぼ》（天子の計画）に基き、地球上のあらゆる人類はその分に従い、その郷土において、その生を享有せしめ、以って恒久的世界平和の確立を唯一念願とせらるるに外ならず。これ、かつては

四方の海　皆はらからと思ふ世に　など波風の立ちさわぐらむ

なる明治天皇の御製は、貴下の叔父「テオドル・ルーズベルト」閣下の感嘆を惹きたる所にして、貴下もまた、熟知の事実なるべし。

我等日本人は各階級あり各種の職業に従事すといえども、畢竟《ひっきょう》（つまるところ）その職業を通じ、この皇謨、即ち天業を翼賛せんとするに外ならず。

我等軍人また干戈を以て、天業恢弘《てんぎょうかいこう》（押し広めること）を奉承するに外ならず。

我等今、物量をたのめる貴下空軍の爆撃及艦砲射撃の下、外形的には退嬰の已むなきに至れるも、精神的にはいよいよ豊富にして、心地ますます明朗を覚え、歓喜を禁ずる能はざるものあり。

これ、天業翼賛の信念に燃ゆる日本臣民の共通の心理なるも、貴下及チャーチル君等の理解に苦むところならん。

今ここに、卿等《けいら》（ルーズベルトとチャーチルを指す）の精神的貧弱を憐み、以下一言以って、少く誨《おし》える所あらんとす。

卿等のなす所を以て見れば、白人殊《こと》にアングロ・サクソンを以て世界の利益を壟断《ろうだん》（独占）せんとし、有色人種を以って、その野望の前に奴隷化せんとするに外ならず。

これが為、奸策《かんさく》（悪がしこいクワダテ）を以て有色人種を瞞着《まんちゃく》（だます）し、いわゆる悪意の善政を以って、彼等を喪心無力化せしめんとす。近世に至り、日本が卿等の野望に抗し、有色人種、ことに東洋民族をして、卿等の束縛より解放せんと試みるや、卿等は毫も日本の真意を理解せんと努むることなく、ひたすら卿等の為の有害なる存在となし、かつての友邦を目するに仇敵野蛮人を以ってし、公々然として日本人種の絶滅を呼号するに至る。これあに神意に叶うものならんや。

大東亜戦争により、いわゆる大東亜共栄圏のなるや、所在各民族は、我が善政を謳歌し、卿等が今を破壊することなくんば、全世界に亘る恒久的平和の招来、決して遠きに非ず。卿等は既に充分なる繁栄にも満足することなく、数百年来の卿等の搾取より免れんとする是等憐むべき人類の希望の芽を何が故に嫩葉《わかば》において摘み取らんとするや。

ただ東洋の物を東洋に帰すに過ぎざるに非ずや。卿等何すれぞ斯くの如く貪慾にして且つ狭量なる。

大東亜共栄圏の存在は、毫も卿等の存在を脅威せず。かえって世界平和の一翼として、世界人類の安寧幸福を保障するものにして、日本天皇の真意全くこの外に出づるなきを理解するの雅量あらんことを希望して止まざるものなり。

ひるがえって欧州の事情を観察するも、又相互無理解に基く人類闘争の如何に悲惨なるかを痛嘆せざるを得ず。

今ヒットラー総統の行動の是非を云為《うんい》（いちいち非難）するを慎むも、彼の第二次欧州大戦開戦の原因が第一次大戦終結に際し、その開戦の責任の一切を敗戦国独逸に帰し、その正当なる存在を極度に圧迫せんとしたる卿等先輩の処置に対する反発に外ならざりしを観過せざるを要す。

卿等の善戦により、克くヒットラー総統を仆《たお》すを得るとするも、如何にしてスターリンを首領とするソビエトロシアと協調せんとするや。

凡《およ》そ世界を以って強者の独専となさんとせば、永久に闘争を繰り返し、遂に世界人類に安寧幸福の日なからん。

卿等今、世界制覇の野望一応将に成らんとす。卿等の得意思ふべし。然れども、君が先輩ウイルソン大統領は、その得意の絶頂において失脚せり。

願くば本職言外の意を汲んで其の轍を踏む勿れ。

市丸海軍少将》

胸のすくような諫言ですが、硫黄島は昭和二十年二月十九日にアメリカ軍上陸、不思議なことにルーズベルトはその後、四月十二日に市丸少将の予言？　通り死去しました。享年六十三歳、天罰というべきかもしれません……

（10）終戦後のマッカーサーの決断

スタンフォード大学フーバー研究所の西鋭夫教授は、「占領後の昭和二十年一二月二日、マッカーサーが天皇に近い側近の木戸幸一（当時五十六歳）をA級戦犯リストに載せた時、次は天皇か、という不安が日本国民の間に広がった」として、次のように語っています。

《一九四五年六月二九日に米国民に対する世論調査では、「天皇を処刑せよ」三三パーセント、「裁判にかけろ」一七パーセント、「終身刑」一一パーセントと、厳しい意見があふれていた。当時の国務省も、ポツダム会議に出席しているトルーマン大統領に対して、「日本の無条件降伏、あるいは完全敗北と同時に、天皇の憲法上の権限は停止されるべきである。政治的に可能で、実際に実行できれば、天皇とその近親者たちは身柄を拘束し、東京から離れた御用邸に移すべきである」「天皇を日本から連れ出さなくてもよい」「もし天皇が日本から逃亡したり、あるいはその所在が不明の場合には、天皇のとるいかなる行動も法的有効性を持たないことを日本国民に伝えるべきである」「中国およびアメリカの世論も次第に天皇制の廃止に傾きつつある」等と勧告しており、天皇有罪論を否定していなかった。

ところが国務省は、「天皇制廃止は問題解決にならない」「日本国民は現在、天皇に狂信的ともいえる献身の感情を示している」と感じ始めていた。

連合軍による占領開始二カ月後の一九四五年一〇月二六日に、アメリカ政府はマッカーサーに、「天皇ヒロヒト」は戦犯として裁判にかけられることから免れているのではない、天皇に対する裁判は、アメリカの占領目的から切り離されたものではない」と通告した。

連合国が、これほど敗戦国日本の天皇の扱いについて苦慮していたとは驚きだが、アジア各地はもとより、太平洋戦域で特攻隊を編成してまで強靭な抵抗をつづけた日本軍に対する率直な恐怖と畏敬の念が生じていたのかもしれない

そして一九四六年一月二十五日に、マッカーサーは、陸軍省宛に3頁に亘る極秘電報を打ちますが、この電報が天皇の命を救ったと西教授は書いています。

《「天皇を告発すれば、日本国民の間に想像もつかないほどの動揺が引き起こされるだろう。その結果もたらされる事態を鎮めるのは不可能である」「天皇を葬れば、日本国家は分解する」「連合国が天皇を裁判にかければ、日本国民の『憎悪と憤激』は、間違いなく未来永劫に続くであろう。復讐のための復讐は、天皇を裁判にかけることで誘発され、もしそのような事態になれば、その悪循環は何世紀にもわたって途切れることなく続く恐れがある」「政府の諸機構は崩壊し、文化活動は停止し、混沌無秩序はさらに悪化し、山岳地域や地方でゲリラ戦が発生する」

「私の考えるところ、近代的な民主主義を導入するという希望は悉く消え去り、引き裂かれた国民の中から共産主義路線に沿った強固な政府が生まれるだろう」

そのような事態が勃発した場合、「最低百万人の軍隊が必要であり、軍隊は永久的に駐留し続けなければならない。さらに行政を遂行するためには、公務員を日本に送り込まなければならない。その人員だけでも数十万人にのぼることになろう」。

陸軍省をこれだけ脅かした後、「天皇が戦犯として裁かれるべきかどうかは、極めて高度の政策決定に属し、私が勧告することは適切ではないと思う」と外交辞令で長い電報を締めくくった。マッカーサーの描いた「天皇なき日本」の悪夢に満ちた絵は、彼の期待どおりの奇跡を齎した。

この電報を受け取った陸軍省は、すぐさま国務省（バーンズ長官とアチソン次官）との会議を持つ。国務省と陸軍省は、天皇には手をつけないでおくことに合意した》

マッカーサーも漸《ようや》く日本の天皇の偉大さに気が付いたのでしょう。

（11）皇室と日本国民

我が国と同様な島国としては英国があります。英国王室は国民に敬愛されていますが、特にあの過酷な第二次世界大戦中、若いジョージ六世が国民の信望を集めます。

それは戦時中の物資不足の中にあっても、昭和天皇と同じように国民と同じレベルで身を処し、苦しみを共にしたということが大きく作用しています。そして何よりも戦時中でありながら、高貴さ、気品、誠実さという、人間が失ってはならないものを保ち、国民の先頭に立って戦われたからでしょう。そこに〝忠誠心〟が生まれるのです。

勿論我が皇室もそうでしたが、静岡新聞（平成五年一月二十日）の［論壇］に、「皇室と日本国民」と題して、時事評論家・江尻進氏が次のようなことを書いています。

当時私は浜松の航空教育集団司令部に勤務していましたので、皇太子妃決定という報道に沸く世情を、関心を持って眺めていたのですが、この記事は「一般的な感想」だと考えて保存していたものです。

《「国民的歓喜のニュース」

皇室会議で小和田雅子さんの皇太子妃としてのご婚約が正式に決定した。

数年来噂の渦中にあって、マスコミの取材にさらされながら「人権の過度の侵害」を避けようという日本のマスコミの報道自粛協定に守られて、その動きは、国民の耳目から隔離されていた。しかしその報道協定も、一月末で一年にも上る禁令は、いかにも長過ぎるとの理由から、廃止されることになっていた。

そうなると、国民の重大関心事である皇太子妃問題の取材報道は、一月下旬から激化し、関係者の身辺はますますその渦中にさらされるおそれが強くなってきた。これらの事情から、皇太子の小和田雅子さんへの働きかけも、時間的に焦り気味となり、ついに十二月下旬に雅子さんの応諾を誘す効果を挙げたのでないかと推測される。しかし、報道自粛協定が、一月末まで続いているので、日本のマスコミは、広汎な取材を続けながらも、報道は差し控えていた。ところが、この協定のワク外にある外国新聞通信社の一つで、外務省筋に特殊な取材源を持っていたある有力米紙の日本人記者が、一月六日に特種として打電したのがきっかけとなり、その夜から日本のマスコミも突如報道自粛を解禁することになった。ある雑誌の見出しに「歓喜が走った一月六日のニッポン列島」とある通り、近来まれに見る国民をわき立たせる、喜びのニュースとなった。

政治経済の問題では、どんなに好ましいと考えられる事柄でも、必ず多少の異論が付きまとうのが通例である。しかし、こんどの決定については、どんな人に当っても、その日ごろの思想信条の違いにもかかわらず、例外なく、心からの祝意を表している姿には驚かされた。日ごろ日本に対し、厳しい報道評論で知られる韓国随一の有力紙が、東京特電として、不況の中での日本国民の「祝祭」の雰囲気を伝えた上で、「日本王室は国民の精神的求心点として生きている」と報道しているのは、国民的歓喜の心理的背景を的確につかんでいると言える。

米国の占領下の第二年目に、マッカーサー司令官の指揮により、草案が作られた「日本国憲法」は、旧憲法の「万世一系にして神聖不可侵の国家元首で、統治権の総攬者たる天皇」の考え方は、軍部など権力者に利用されて危険である、として排除された。しかし、占領軍も日本国民を民主化、非軍事化に向かわせるには、国民が心から帰依している天皇制を利用するのが、最も有効であると認め、戦争放棄、戦力不保持とセットで、「象徴天皇制」を導入させたものである。

新憲法では「天皇は日本国民の総意に基づく国民統合の象徴」と規定されたが、これが、多年の歴史的な実態であったから、国民にはそのまま素直に受け入れられた。戦前には天皇は「神勅に基づく道徳、倫理の源泉」として、神格化されていた。昭和天皇は新憲法制定の昭和二十一年の元旦の詔書で、「神ならぬ人間天皇」の宣言を行い、これを契機として、全国に及ぶ地方行脚を始められ、「開かれた皇室」として第一歩を踏み出された。

「国際親善にも大きな期待」

ついで現在の天皇が、将来皇后たるべき皇太子妃をそれまでの皇室の伝統であった皇族、華族の関係者以外の、一般家庭の正田美智子さんに決められたことは、当時の国民感情を揺るがすような一大衝動であった。この先例があったので、今度の小和田雅子さんとの婚約は、正田家の先例ほどの驚きではなくても、一般民間人から将来の「国家の象徴」の配偶者が選ばれるというのは、依然として新しい驚きであり、同時に大きな喜びとなった。

このように、国民の間から選ばれた代表的な優れた家系の血が、代々皇統に加わることにより、象徴たる天皇家に日本有数の優れた世継ぎが生まれてくる可能性が、ますます多くなると期待されるからである。

世界は新秩序を求めると言いながら、民族や宗教、伝統の違いにより、分裂と対立を激化させている中で、日本人が世界一の長寿国の記録を更新しているのをはじめ、社会的統一と安定なくしては生まれない世界一というべき社会的統計に表現される数々の成果を上げているのも、国民が意識すると否とにかかわらず、国民統合の象徴としての天皇制のもたらす目に見えぬ成果であり、他国のまねのできない利点であると言えよう。また、皇室は国民統合の象徴としての内政上の役割に加え、国家や諸国民の間の理解と親善を増進する「国交」上の大きな影響力を持っている。そうした意味で、皇室の役割に最もふさわしいカップルを新たに迎えることが

出来たことは、国民の大きな喜びであり、また国際社会にとっても歓迎されるものとして心からの祝意を表したい》

マスコミの〝仁義〟だとか、独特な手法、更に「新憲法」に関する意見などには同意し難い点も多々ありますが、「皇室と日本国民」という観点から見れば、それがどのようなものであるか、皇室に対する日本人の考え方がわかります。さらに、韓国などでさえも「国民の精神的求心点」等と素直に認めていることもわかるのです。

皇太子妃決定という慶事に、皇室の安泰を願う国民の素直な心情が見てとれますが、「象徴」と言い替えられようとなんであろうと、韓国紙が言ったように「国民の精神的求心点」であることは世界中のだれもが認めざるを得ないと思います。

⑿　天皇と自衛隊の関係＝なじめない社会契約論的素地

さてそこで、天皇（皇室）と戦後生まれの自衛隊との関係はどうあるべきでしょうか？

「靖国」に、日本国際法学会・日本哲学会・アジア太平洋交流学会員の松元直歳教授は「日本という我々の共同体の中に、国民精神（アイデンティティ）が存在するとすれば、その源泉と精髄は、神道及び皇室と最も深く関係するものではないか」と書きました。

米国人ジャーナリスト（神道家）ジョセフ・W・T・メーソンも「神道は、日本精神の特性が漠然とした潜在意識にあった何世紀もの間を通じて、建国以来今日まで、この国を支持してきた…が、いまや日本のより高い進歩のために、自覚と自己表現との新時代が必要となってきており、神道もこれに歩調を合わせねばならない。もし神道が…放棄されるようなことがあれば、日本の退化は免れえないであろう。そんなことになれば、国民の自発的自然的調和としての精神的統一は失われるであろう」と言っています。

日本人と神道、神道と皇室、そして皇室と軍隊（自衛隊）を見れば、おのずと結論が見えてくると思います。

三島由紀夫は、天皇と軍隊の関係について、茨城大学における文化防衛論の講演会で、学生の質問に答える形で次のように語っています。

「軍隊というものは政治的な体制とどういうところでつながり、どういうところで離れるのであろうか。政変や種々の政治的な手続きとかかわりのないところで軍隊を国民に直接つなぐ方法はないだろうかというのが考えの根拠です」

「では具体的にどうするか？」と問われて、統帥権問題に関してこう付け足しています。

《やはり最高指揮権と言うものは総理大臣に置いておいた方が一応は無難だと思います。けれども、光栄ないし栄誉大権（筆者注：統帥権と解釈）という形の上でその上にさらに天皇が勲章を授与する、元は天皇なんですから、勲章や軍旗は天皇から授与されたらいいのじゃないか（軍人と名誉の関係）。それは民主国家とちっとも矛盾しない…イギリスやスウェーデンでもそういう風にやっているわけですからね」》

この指摘は、自衛隊法第四及び五条を意識しているのだと思います。

第四条には「自衛隊の旗」として、

「内閣総理大臣は、政令で定めるところにより、自衛隊旗又は自衛艦旗を自衛隊の部隊又は自衛艦に交付する。

2　前項の自衛隊旗及び自衛艦旗の制式は、政令で定める」とあり、第五条の「表彰」では、

「隊員又は防衛省の防衛大学校、防衛医科大学校、情報本部、技術研究本部、装備施設本部、防衛監察本部、地方防衛局その他の政令で定める機関若しくは自衛隊の部隊若しくは機関で、功積があつたものに対しては防衛大臣又はその委任を受けた者が、特に顕著な功績があつたものに対しては内閣総理大臣が表彰する。

2　前項に定めるもののほか、自衛隊の表彰に関し必要な事項は、政令で定める」

となっているからです。

これを「天皇陛下、又は皇族御立会の場で行う」ことに変更すれば済むことでしょう。勿論表彰の内容によっては内閣総理大臣または防衛大臣でも構いませんが。

ところで年に数回、防衛省で高級幹部会同が催されますが、その後皇居に参内して、陛下に拝謁します。陛下のお言葉を拝聴できる機会は〝制服組〟としてはこの上なく光栄であり、感動する瞬間ですから、隊員達にも味あわせてやりたく思います。

さて、「立憲主義と『現行占領憲法』」という文の中で中川剛氏は、「アメリカの独立宣言や連邦憲法が、当時の革命思想であった社会契約論によって起草されたため、占領軍総司令部の憲法起草者にとっても、社会契約の考え方が基本枠組みとして採用され、…憲法の基本原理についてさえ、伝統にも文化にも手がかりを求めることができず、外国の理論に典拠を探さなくてはならないという恐るべき知的状況が出現するに至った」と主張しました。私は、戦後民主主義など取るに足らぬ。我が国には推古天皇の時代から、民主主義憲法があった、と書きました。

考えてみると、アメリカは、一四九二年にコロンブスによって大陸の一部が発見され、その後旧大陸から宗教的に圧迫された移民が流入します。そして英国、フランスなどの列強と数々の戦いを経て、一七七六年七月四日に独立を宣言、一七八三年に合衆国として発足し、憲法が発効したのは一七八八年ですから、光輝ある大日本帝国とは歴史が大きく異なっています。

前述したように、我が国が〝近代的憲法〟を採用したのは明治時代に入ってからですが、すでに国家としての形態は西暦六〇四年に、かの有名な聖徳太子が定めた十七条憲法があったのですから比較にならないといえるでしょう。

しかも米国は種々雑多な人種のるつぼであり、我が国は一民族で一国家をなす島国で、はるかに優れた伝統と文化を持っていましたから、終戦直後のどさくさまぎれに、彼らの革命的発想で生まれた「契約論」などで〝武装された〟新憲法が適用できるはずはないでしょう。

占領軍司令官のマッカーサーは、「日本の奴隷的な封建主義が『日本の悲劇』を齎《もたら》したと断言し、『アメリカ』は『民主主義』の模範で、民主主義が『今日のアメリカの強さを齎した』とも言った。彼の日本観は厳しい」と前出の西鋭夫教授は次のように続けます。

《「日本は二〇世紀の文明社会ということであるが、実体は、西洋諸国が四〇〇年も前に捨てた封建社会に近い国だった。日本の生活には、それよりさらに古く、どうしようもないものがあった」

日本は「殆ど神話の頁を捲るようなもの」であり、日本人は「外部の世界がどうなっているか、殆ど理解していない」と扱き下ろした。

同じ頃、日本降伏直後、来日した外交官ジョン・K・エマーソンは「現在、日本人は政治的に無知であるだけでなく、政治に無関心である」とバーンズ国務長官に書き送っている。

エマーソンは占領開始直後来日し、四カ月滞在。一九四六年二月一五日、帰国し、国務省日本部次長となる。彼の東京での後任にウィリアム・シーボルドが送られてきた。シーボルドはマッカーサーの政治顧問（外交局長）になる。

エマーソンは、ケネディ大統領に駐日アメリカ大使として任命されたハーバード大学教授であったライシャワー大使の「参謀」として活躍した。その後、フーバー研究所研究教授となった。私は、時々昼食を共にした。エマーソンは、戦前、日本でグルー大使の下でも勤務していた。エマーソンは一九八四年に死去。彼の貢献を讃える記念碑がフーバー研究所の中庭に慎ましく建てられている》

ここに「力こそ正義」だと考えている〝白人の傲慢さ〟が見え隠れしているように思えてなりません。まるで新大陸の先住民を力で排除し征服した方式を、わが大日本帝国にも適用しようとしているようです。

もっとも、第二次世界大戦終了直後であり、太平洋戦域で多大な出血を強要された最高司令官としては、このくらい言わなければ、本国との間が上手くいかなかったからかもしれません。私は、彼が退官後に、議会で証言した言葉の方が彼の「本音」だったのだ、と理解しています。

未だに国民が〝新憲法〟になじめないのは、この様な歴史的、文化的、民族的理由が原因だと思うのですが、不思議なことに我が国で「新憲法」になじんでいて、これを死守せよと叫んでいるグループがいます。彼らは一般的に〝左翼〟と言われますが、確かに革命思想であった社会契約論にあこがれている方々が目立ちます。皮肉にも彼らは〝反米〟ですが…。

第六章　自衛隊をまっとうな軍隊にするための提言

1、すでに形骸化している「シビリアン・コントロール」

　これまで、多くの識者方のご意見を引用する形で書き連ねてきましたが、それは私が講釈するよりも直接識者の方々の言葉を理解していただいた方が良かろうと思ったからです。

　そこで漸《ようや》く結論になるのですが、我が国には、守るべき、そして誇るべき伝統文化が根付いていることがおわかりいただけたことと思います。

　とりわけ日本人は、縷々《るる》述べてきたように、皇室を中心にまとまってきた単一民族（諸外国に比べて）であり、如何に戦後民主主義的手法で軍を統制するにしても、団結の中心になるべき指揮官に〝ふさわしい人物が平民の中には見当たらない〟ということもわかっていただけたことでしょう。

　つまり、敗戦後に「軍の暴走」を抑えるために創設された横文字の「シビリアン・コントロール」の「シビル」という概念は、日本人にはなじめませんでしたし、そのシビルに「国体や国民を守るにふさわしい人物」が見当たらなかったわけですから、既にこの〝制度〟は破たんしているといっても過言ではないでしょう。

　情けないことに、国家の命運を〝制服組〟と共に担うべき「シビリアン＝政治家」は軍事に疎く、国益よりも私益を優先させているように感じられます。

それに比べて創設以来六十五年間「日蔭者扱い」されてきた自衛官の方がむしろこのこのシステムを理解納得していることは、縷々ご紹介してきたOBや現役自衛官たちの言葉で十分証明されているのではないでしょうか？

しかしながら、自衛官といえども国民の一人である人間です。如何に「危険に臨んでは身を顧みず奮闘」しても評価されず、その逆に練馬区の一部住民の様な仕打ちに耐えられるほどの聖人君子ばかりでもありません。しかもそれが愚かな指揮官からの命令だったとしたら、死んでも死にきれないでしょう。

そこから導かれる結論は、速やかに現憲法を破棄して一旦明治憲法に戻り、「自衛隊」ではなく「皇軍」と改称して再出発すべきだと私は思うのです。

そうです、自衛隊が守るべきものは「皇室であり、世界に冠たる国体」なのです。

敗戦のショックから、日本人はなかなか立ち上がれませんでした。そこへ占領軍による「占領施策」が巧妙に仕掛けられ、日本の伝統文化は全く時代遅れのものだという意識を植え込まれました。勿論それには、戦中に日本政府に〝弾圧〟されてきた左翼勢力が、敗戦と同時に釈放されましたから、左翼活動が息を吹き返して世論を盛り上げてきた影響も甚大でした。

マルキストの〝巣窟〟だった昭和研究会の河合徹は尋問調書に「資本主義否定の次の段階においては天皇制が否定されることは当然」と供述していたことを忘れてはならないでしょう。共産党が、天皇がご出席される国会開会式典に欠席する理由がわかります。

戦後導入された「選挙制度」は、女性の参政権を認めるなど、如何にも目新しく、〝民主的〟に見えたため、敗戦後の国民は、まるで現在のTVショウの様に喜び勇んで、投票に向かいました。

当時は占領下でしたから、誰が議員になっても首相になっても、それは単なるマッカーサーの操り人形に過ぎなかったのですが、そうだとは思いつつも当時の多くの日本国民は、「選挙」という制度があたかも人間が生きている証を示しているものでもあるかのように、目新しく新鮮に見える「投票所」に積極的に足を運んだのでした。

政治家を直接自分らの投票で選ぶことが出来ることが、如何にも新鮮で、占領軍が言う「民主主義」に参加することの証明だと勘違いし、何となく「主権在民」の主役でもあるかのように錯覚して満足したように見えました。

その上占領政策で、悪かったのは「軍閥」であって国民は悪くない。「軍国主義こそが敵である」と植えつけられましたから、何も知らない一般庶民は、民主政治下の主役にでもなったかのようにはしゃぎました。

終戦のご詔勅の一部を〝無学な〟大臣に修正され換骨奪胎になったと安岡正篤《まさひろ》氏が嘆いたように、〝無知ほど恐ろしいもの〟はないといえるでしょう。

戦後七十年たった今、漸く国民の多くが「戦後民主主義」の弊害があまりにも大きいことを身をもって知ることになりました。

その代表的な現象が、国民の意に反して総理に就任した村山氏らのような人物の登場と、民主党という、実は〝民主〟という旗印に隠れて登場した〝独裁〟政権の誕生だったことは皮肉でした。

この様な政治的混乱が続く中で、「専守防衛」という奇妙な国是？に縛られた自衛隊という武装集団が、世界に通用する軍事常識下で活動が出来るはずはありません。

だから私は、如何に政治が国民の〝民主的〟な投票行為で変動しても、軍隊は不変の国家戦略のもと、断じて揺るがぬ組織でなくてはならないと考えるのです。

言い換えれば、孫悟空（政治家たち）がいくら暴れてみても、所詮それは「仏の掌」（日本という揺るがぬ国体）の範疇で！ということです。

既に戦後民主主義という名の選挙制度は破たんしていると思います。当初は物珍しさも手伝って、国民は熱心に投票所に向かいましたが、今やすっかり色あせて、投票率は国政と雖《いえど》も漸く五〇％程度ではありませんか。つまり、選挙に当選しても、有権者の半数以下の投票で、更にそれを下回る得票で議員に〝当選できる〟のですから、多数決の原理はどうなっているのかと不思議に思います。

投票に行かない有権者が増え続けているということは、立候補者に有為で魅力的な人物がほとんどいないことに加えて、既成議員自体が金権政治で汚れきっているといえますから、既に国民はこんな我が国の実態に見合わない選挙制度に愛想を尽かしているのです。

であるが故に、そんな低投票率で選ばれた議員の中から選出された首相が、歴史と伝統を誇る我が国を守るべき軍事組織の長になることは如何にも不自然でしょう。つまり「役不足」であり有権者のだれもが余り期待していないのではないか？　むしろ危険でさえあるといえるのではないか？　と私は思うのです。

いや事実これは非常に危険な兆候なのです。ある特定の団体が推薦する候補者に集中投票させたり、例えばオウムなどという国家転覆テロ集団が数多く立候補者を立てる様になったり、又は投票権を持った外国人が〝合法的〟に選ばれて、巨大な武力を手中にすることが出来るのですから、我が国を占領もしくは支配下に置くことが可能になるという恐れを含んでいるからです。

まさにナチスがドイツの政権を合法的な選挙で奪ってヒトラーの出現を許したことと同じ現象が起きかねないのです。だから三島由紀夫は、最後の砦である軍隊は、政治と関係の無い立場に置かれるべきだと言ったのです。

2、憲法改正こそ本道

そのためには、憲法改正こそ本道なのですが、政治家はなかなか手を付けようとしません。昭和四十五年十一月、三島由紀夫は、戦後の日本が、経済的繁栄にうつつを抜かし、国の大本である憲法を改正せず、日本人自ら日本の歴史と伝統を汚していることを憂い、「憲法に体当たりする者はいないのか！」と市ヶ谷台のバルコニーから叫びました。しかし、実は占領憲法が施行されることに反対して、元枢密院議長であった清水澄博士（八十歳）が、新憲法発布に合わせて自決しているのです。

戦後のことゆえか、あまり国民には知られてはいませんが、当時の状況を知る一助として、彼の「自決の辞」を紹介しておきたいと思います。（原文はカタカナの旧仮名遣い）

《「自決の辞」

新日本憲法の発布に先だち、私擬憲法案を公表したる団体及び個人ありたり。其の中には共和制を採用することを希望する者あり或は戦争責任者として今上陛下の退位を主唱する人あり我が国の将来を考え憂慮の至りに耐えず。併し小生微力にして之が対策なし。依って自決し幽界より我が国体を護持し今上陛下の御在位を祈願せんと欲す。これ小生の自決する所以なり。而して自決の方法として水死を択びたるは楚の名臣屈原に倣いたるなり。

元枢密院議長　八十翁　清水　澄

法学博士　　昭和二十二年五月　　新憲法実施の日認む

追言　小生昭和九年以後進講（宮内省御用掛として十数年一週に二回又は一回）したること従って龍顔を拝したること夥敷を以て陛下の平和愛好の御性質を熟知せり。従て戦争をご賛成無かりしこと明なり》

「股肱の臣」とは清水翁のことをいうのでしょう。明治天皇崩御の際には、乃木大将ご夫妻が殉死されましたが、終戦後の混乱期においても日本人精神を失うことなく押し付け憲法に「体当たり」した翁の行為も殉死といっても構わないと思います。

今、憲法改正に取り組むべき政治家に、そんな勇気のある日本人は皆無といってもいいのではないでしょうか？

そこで、終戦直後に日本の思想家で国体研究家、法学者で国体学の創始者として知られる里見岸雄博士が終戦直後に提案した「大日本帝国憲法改正案私擬」を「国体文化＝占領下の里見岸雄・金子宗徳・里見日本文化学研究所長：日本国体学会」（平成二十七年八月号）から原文のまま、参考文書として取り上げておきたいと思います。

この試案は、終戦直後ということもあり、軍備に関しては直接触れられていませんが、第二章［政体］で挙げられている内容で十分ではないでしょうか。

更に、第三章［大権］の第十五条に「天皇ハ栄典ヲ授与ス」とありますから、これで三島由紀夫が指摘したように、自衛隊と天皇の関係は解決できるでしょう。

これさえ成れば、わが国の安全保障政策が混乱している背景にある、憲法と自衛隊のかかわりが払しょくされ、与野党入り混じって、憲法に関する恐ろしいほどの無益な！　論争をやめて、国政の重点をより良い国民生活環境の整備に向けて、議論のエネルギーを集中出来るようになると思うのです。本文は後ろに取り上げておきますからご一読ください。（後掲資料：憲法改正試案「大日本帝国憲法改正案私擬」参照）

そしてもう一つ、大日本帝国憲法が、想定していなかった大きな問題点も挙げておかねばなりません。

大正時代に入ると、日本の政治は政友会と憲政会（その後民政党）の二大政党制になりましたが、日本の議会は天皇の立法権を国民の代表が代行する機関として出発しましたから、憲法制定時には政党政治を想定しておらず、内閣総理大臣の選出についても規定されていませんでした。首相はいわば「有力政治家の談合（宮田昌明：第四十二回国体文化講演会講演録）」によって選ばれていました。

現在は一応?議会の指名で選ぶことに形式上なっていますが、事実は最大多数政党の代表が選ばれます。そしてその選ばれ方は、佐藤栄作首相の後継争いで「角福戦争」が有名だったようにダーティな多数派工作や実力者?の談合、裏金の結果選ばれるのですから、本質的な変わりはないといえます。明治憲法下の首相選択法が「ごまかしがなく、むしろ明快（宮田氏）」ですから、仮に選出された人物が軍隊の指揮権を持つとされていても、現在よりもなじめるのではないでしょうか?

故に私は一旦大日本帝国憲法に戻った上で改めて、時代に即した有能な首相を選出できる「新憲法」を制定すべきだと言いたいのです。

3、過去に試みられた「防衛省改革」検討会

政策を抱える防衛本省も、現場で直接行動する自衛隊の実動部隊も、与えられた「合法的な」範囲で懸命の努力を続けていますが、〝新憲法〟となじめない文言によって縛られている組織ですから多くの問題を抱えています。

部隊行動が海外へ拡張された現在、諸外国の〝正規の〟軍事組織と協力する度に、多くの問題点が浮き彫りになって来ていて、実力を十分発揮できない場合があまりにも増えているのです。

反自衛隊グループは、そこを突いて「戦争に巻き込まれる」とか「自衛官が危険にさらされる」などと政府を追及していますが、基本的な認識がずれています。国際法に準拠した法整備がされていないために、逆に現場では多くの危険を抱えることになるので、指揮官らは苦労しているのです。

ところでこれまで何回となく、このような現実的不都合が発生する度に、政府は有識者らを活用して「防衛省改革」に取り組む姿勢を示してきました。例えば平成二十年十月に、「防衛

省改革（防衛知識普及会編、内外出版）」が出版されましたが、その「はじめに」にはこう書かれています。

《国際社会は、冷戦終結、湾岸戦争、9・11同時多発テロなど様々な事案を経験してきましたが、わが国周辺の軍事情勢は、北朝鮮の核問題、中国の軍備拡大、「強いロシア」の復活など依然厳しい情勢であり、弾道ミサイルやテロなど新たな脅威への対応が重要となっています。

また、国際安全保障環境改善のため、近年のPKO活動やイラクへの人道復興支援など自衛隊の海外派遣も増大してきています。さらに、最近では、国内の地震や災害への自衛隊の派遣に対する国民の期待も高まっています。

こうした状況の下、護衛艦「あたご」と漁船「青徳丸」との衝突、イージスシステムに係る特別防衛秘密流出、テロ対策特措法に基づく給油量取り違えや前事務次官の不祥事など、国民の信頼が揺らぐ事案が次々に発生しました。

不祥事事案については、深刻に受け止め、防衛省・自衛隊員としての自覚をしっかりと持って、気の緩みが生じないよう努め、責任を明確にして、二度と不祥事が起きないような体制や管理面の不備を改善する必要があります。そのためにも、抜本的な防衛省改革が必要との多くの声が国民から湧き上がりました。

また、平成十九年一月九日、防衛庁が「省」となりましたが、国家の安全保障政策の確立と国民のための防衛省改革を検討するちょうど良い時期でもありました。

そこで、政府は、防衛省が抱える問題について、基本に立ち返り、国民の目線に立った検討を行う場として、有識者の参加を得つつ、「防衛省改革会議」（平成十九年十一月）を設置しました。

会議は、町村信孝内閣官房長官が開催し、石破茂防衛大臣も参加して議論が展開されました。とくに、石破防衛大臣は、「防衛省改革（キーワード）について」を自ら発表するなど大きな役割を果たしました。

会議は、精力的に開催され、①文民統制の徹底、②厳格な情報保全体制の確立、③防衛調達の透明性を検討項目とし、平成二十年七月十五日に「報告書―不祥事の分析と改革の方向性」が発表されました。この報告書は、防衛省・自衛隊関係者すべてが必読すべきものです。

それとほぼ期を一にして、自民党・安全保障調査会（中谷元会長）は、防衛省改革小委員会（浜田靖一委員長）を設置（平成二十年三月）しました。同小委員会では、識者からのヒアリングを含め、十一回の会議を開催し、「提言・防衛省改革」（四月二四日）を取りまとめました。この提言は、政府の「防衛省改革会議」に大きな影響を与えました。

私は、防衛省改革に当たって本来もっとも必要なのは、憲法改正だと考えます。自民党の新憲法草案（平成一七年一一月二二日発表）においても自衛隊の憲法上の位置付けの明確化、軍事裁判所の設置などの諸方針を提示していますが、憲法改正を早急に実現することが根本的に重要なことだと思います。

憲法が改正されるまでの間、私は、新たな安全保障環境を踏まえた基本的な「安全保障戦略」を確立することや、「安全保障基本法」の制定、「国際平和協力に関する一般法（恒久法）」「情報秘密保全法」を制定するなど、「なすべきこと」があると考えています。

今回の一連の防衛省改革は、そうした「なすべきこと」の一つです。ただ、改革は一夜にして成し遂げられるものではありません。多くの時間と議論、そして多くの労力が積み重ねられて整えられていくものであります。

そこで、今後も継続していく防衛省改革、そして将来の防衛省・自衛隊のあり方を考えるためには、これまでに取りまとめられた貴重な資料等を広く国民に提供し、議論のさらなる深化に資するようにすることが重要と考え、一冊の本にまとめてみました。

本書が、今後の防衛・安全保障の議論のための一里塚となり、正しい防衛知識の普及のために役立てば幸いと考える次第です。

平成二〇年一〇月　　編著者・田村重信》※役職名はすべて当時。

この「プロジェクトチーム報告書」は、ほとんどが輸入調達や装備品のライフサイクルコストなど、タイトルの「防衛省改革」というよりは、調達効率化に焦点が当てられているので「防衛省内部の機構改革」というべきものですが、編著者が「本来もっとも必要なのは、憲法改正だ」と明言しているように、内容は、防衛省・自衛隊が抱える諸問題の「根本的な改革」にはなりきってはいません。

4、庁から「省」への移行

省への移行で、内閣法にいう主任大臣が、総理府・内閣府の長たる内閣総理大臣から防衛大臣となりました。すなわち、防衛大臣は防衛省の所掌事務である国防について分担管理する大臣となったのです。

しかし、防衛大臣が自衛隊に対して命令できる行動は「海上警備行動」までで、「警護出動」「治安出動」、そして「防衛出動」は内閣総理大臣が与えるとされています。つまり、省へ移行したものの、防衛大臣の主な職責上の変更は「閣議への請議や財務大臣への予算要求、省令の制定など」に留まりました。

そこで省へ昇格したことのメリットは事務手続が若干緩和されたこと、庁から「省」へ名称が変更されたことによる〝精神的格上げ感？〟というべきものだけでした。

ついで陸、海、空という自衛隊の三幕僚監部を「統合幕僚監部」へ統合するとされました。二〇〇八年七月十五日に防衛省改革会議は、防衛省再編に関する最終報告書をまとめて、当時の福田康夫内閣総理大臣に提出しました。

これは内局（役所）の運用企画局を廃止して、部隊運用を「統合幕僚監部」に一本化すると共に、統合幕僚副長には文官を起用するなど、背広組と制服組の混合が柱となっていました。

私は現役時代から、三自衛隊に分裂?しているのは不都合な面があるとして、極力統合すべきだと考えていたのですが、その理由は、例えば北方有事の際、陸自が主担当になるというわけではなく、まず空が、そして海が同じ海空域に集中して活動するのですから、必ず三自衛隊が共同せざるを得なくなるからです。ですから初めから三自衛隊が統合しておけば、スムーズに緒戦が戦えることになるでしょう。

更に問題は、三自衛隊間で当然だとはいえ通信などの手順や用語が異なりますから、これも平時から極力統一しておくべきだと思ったのです。

もう一つあります。それは過去の大戦の反省点に、陸海軍の対立が挙げられ、その反省として防衛大学校では将来の三自衛隊幹部要員が四年間同じ釜の飯を食う場所として創設されました。にもかかわらず、予算獲得の時期になると、役所が三自衛隊を互いにけん制させることによって事務方が動きやすいと考えていたのか、なかなか統合できませんでした。折角先人が防大の大改革を成し遂げたにもかかわらず、相変わらず三自衛隊が互いにけん制?し合った儘《まま》だったのです。勿論同期生や同窓生としての深いつながりは確立していましたが、それが組織活動上に余り生かされていませんでした。

二〇〇八年十二月二十二日に漸く防衛省内の省改革本部会議が「基本的な考え方」を発表し

ます。そして他省庁との調整も含む運用部門の統幕への一本化が盛り込まれましたが、二〇〇九年八月の衆議院総選挙で政権が交代した結果、組織改編は見送られてしまいます。

二〇一五年六月になって、やっと防衛省設置法を改正する法律が可決され、この中で背広組を主体とする運用企画局を廃止し、部隊運用を統幕に一本化すること、防衛装備品の調達等を一元的に行う防衛装備庁の設置が盛り込まれました。

しかし、この問題が拗《こじ》れた背景には、「シビリアン・コントロール」という用語を一部〝誤用〟してきた役所側にあります。つまり、よく世情をにぎわした「背広組と制服組」の対立！という構図です。

シビリアンとは、英語の直訳ですが、国民から選出された政治家、つまり文民のことであり、官僚（文官）ではないのです。

しかし敗戦直後の「軍人＝悪の権化」というGHQによるイメージコントロールがいきわたっていたことと、戦時中にたびたび軍人が跋扈《ばっこ》して、官僚、それも内務省官僚が不満を持っていたことと重なった結果だったと思います。

私が外務省に出向していた時の階級は3等空佐でしたが、外務事務官兼任でしたから、霞が関で勤務していました。幹部学校卒業時に夏制服を購入して部隊勤務を熱望していたのですが、突然赴任先が外務省になったので、慌てて夏背広を買ったほどです。そして背広姿で勤務しつつ、給料は毎月防衛庁調査二課に受領に行っていました。

勿論庁内では〝制服と私服〞が入り混じって勤務していましたが、私服の私は何故か丁重？に扱われました。それほど制服組が「私服組」を怖れていたとは知りませんでしたが、ある日、ソファーに座って先任部員の手が空くのを待っていた時のことです。

防衛庁では、事務官の一部を「部員」と呼びます。それは「戦時中大本営陸軍部、海軍部などに勤務していた軍人を〇〇部員と呼んでいたから、それにあこがれているだけさ」とある記者が教えてくれたのですが、真偽のほどはわかりません。

部員は、艦艇用通信機の予算請求を1等海佐から受けていたのでしたが、彼は「今回は1台で我慢して、残りは来年にしろよ」と言ったのです。

1海佐は「言っときますが、通信機は2台あって初めて通信できるのです。1隻だけつけても意味がないから今年は要求しません！」と言うと、憤然と席を立ちました。

その後部員は落ち着かない様子で私に対応したのですが、ことほど左様に軍事的素養がないまま予算額の削減だけを〝指導〞していたのです。

2隻に同時に取り付けられない無線機など無意味です。そこで要求を認めてもらいたいばかりに、階級に無関係に〝人間関係〞に神経を使う傾向があったのでしょう。

外務省では全くそんな意識は不要で、3空佐なのに局長や審議官に呼ばれてレクチャーしたものです。そんな癖があったからかその後空幕に戻って予算を請求する立場になりましたが、私は少しも不都合を感じませんでした。勿論〝昇任〟なんぞ全く意識していませんでしたから「部員」達とは本音で語り合ったものです。

この「制服と私服」問題が起きた時、新聞はこう書きました。

《「防衛省設置法改正で文民統制強化『背広組優位』の誤解払拭」

防衛省は自衛隊各幕僚監部（制服組）に対する内局（背広組）の優位を規定したとされることもあった防衛省設置法第十二条を改正し、「内幕対等」を明確化する方針を固めた。また部隊運用権限を統合幕僚監部に一元化し、運用に関する報告をシビリアン（文民）である防衛相に直接行いやすくする。

中谷元防衛相は二十四日の記者会見で「設置法十二条の改正で、より一層シビリアン・コントロール（文民統制）が強化されるという結論に至った」と強調した。

現行設置法は、内局の官房長や局長が防衛相を「補佐」するとした上で、防衛相は陸海空自衛隊と統幕に対し（1）指示（2）承認（3）一般的監督を行うと規定している。

この規定により、局長らが自衛隊に「指示」「監督」を行うと誤解されかねないとして、国会審議や自衛隊内から批判があった。

設置法改正で、内局が政策面で防衛相を補佐し、自衛隊は軍事面で補佐することを明確にする。また、内局と統幕の役割に重複があった部隊運用の権限を統幕に一元化し、内局の運用企画局を廃止する。これまでは統幕長が防衛相に報告する際、運用企画局長との連絡・調整が必要だった。

文民統制は、背広組が制服組を統制する「文官統制」と混同されることもあるが、本来は国民から選挙で選ばれた政治家による統制を意味する。今回の法改正で速やかな防衛相への報告が可能となり、文民統制が強化されることになる》

この問題は、自衛官からは発言しにくい？「猫の首に着ける鈴」だったのですが、平成五年一月、統合幕僚会議議長（当時）で退官して、防衛庁顧問に就任した、佐久間一元海将（防大一期）が、「防衛計画大綱」改定問題について都内で講演したときに、次のように触れたと報じられた事がありました。

《……シビリアンコントロールの現状を見直し、「自衛隊の部隊運営や教育訓練は、基本的に自衛官が所掌する必要がある。」（中略）「防衛二法（防衛庁設置法、自衛隊法）制定時にはそれなりの理由があったし、やむを得なかった」としながら、「軍政と軍令の二本立てにすべきだ」として自衛隊の自主運営を要求。「防衛事務や政治との接点を防衛庁が担当する」という分担制を主張した（毎日新聞一月二十日）》

佐久間氏も「軍制」と「軍令」に分割すべしという考えを持っていたようですが、防大卒で初めて海幕長、統幕議長と自衛隊のトップを体験した方が公の場で意見を述べたのですから説得力がありました。しかしその後も何ら進展することなく、今年まで持ち越されたのです。

「背広組と制服組」の対立！等と新聞に書かれた問題の裏が、私の体験も含めて少しはわかったことでしょう。その意味からも防衛省の本格的意識改革は必要だと思っていたものですが、民主主義とは時間がかかるものです…。敵の侵攻計画もこれくらい長時間かけてくれるとありがたいのですが…

私は、この著書で、まず憲法を改正（または破棄して帝国憲法に一時的に戻り）して国情に合ったものにすることを提案しましたが、その上で自衛隊を根本からまっとうな組織（軍隊）にするには何処をどう修正したらいいのでしょうか？

ここでは私の体験から、思いつくままいくつかの提言をしてみたいと思います。

5、私の提言

(1) 軍政部門と軍令部門の分離

「国家主権と国軍、国体」という田中卓郎氏の図からおわかりのように、〝新憲法〟施行に伴って、国体と政体は分離されました。そこで保持しないと明言された「軍隊」は、行政部門の防衛省という役所の一部門になり、警察や、海上保安庁と同列に区分されました。そこから、縷々私が解説した様な問題が発生したのですから、防衛省という組織の改編を提案したいのです。

それは防衛省を旧軍時代の「海軍省」と「陸軍省」に対比させたものとする。つまり、役所としての機能に統一するため、防衛省の各幕僚監部を「軍政部門」として、実動部隊は旧軍でいう陸軍の「参謀本部」と海軍の「軍令部」を合体してこれを「統帥部門」に移し、陸、海、空それぞれの部隊を「総軍司令官(仮称:階級章は星4個)」の指揮下に置く、いわゆる「軍令部門」とするのです。

この場合、海自は「自衛艦隊」が、空自は「航空総隊」がありますからそのままでいいのですが、陸自の場合は「北部、東北、東部、中部、西部」の5個方面隊が並列していて、これを

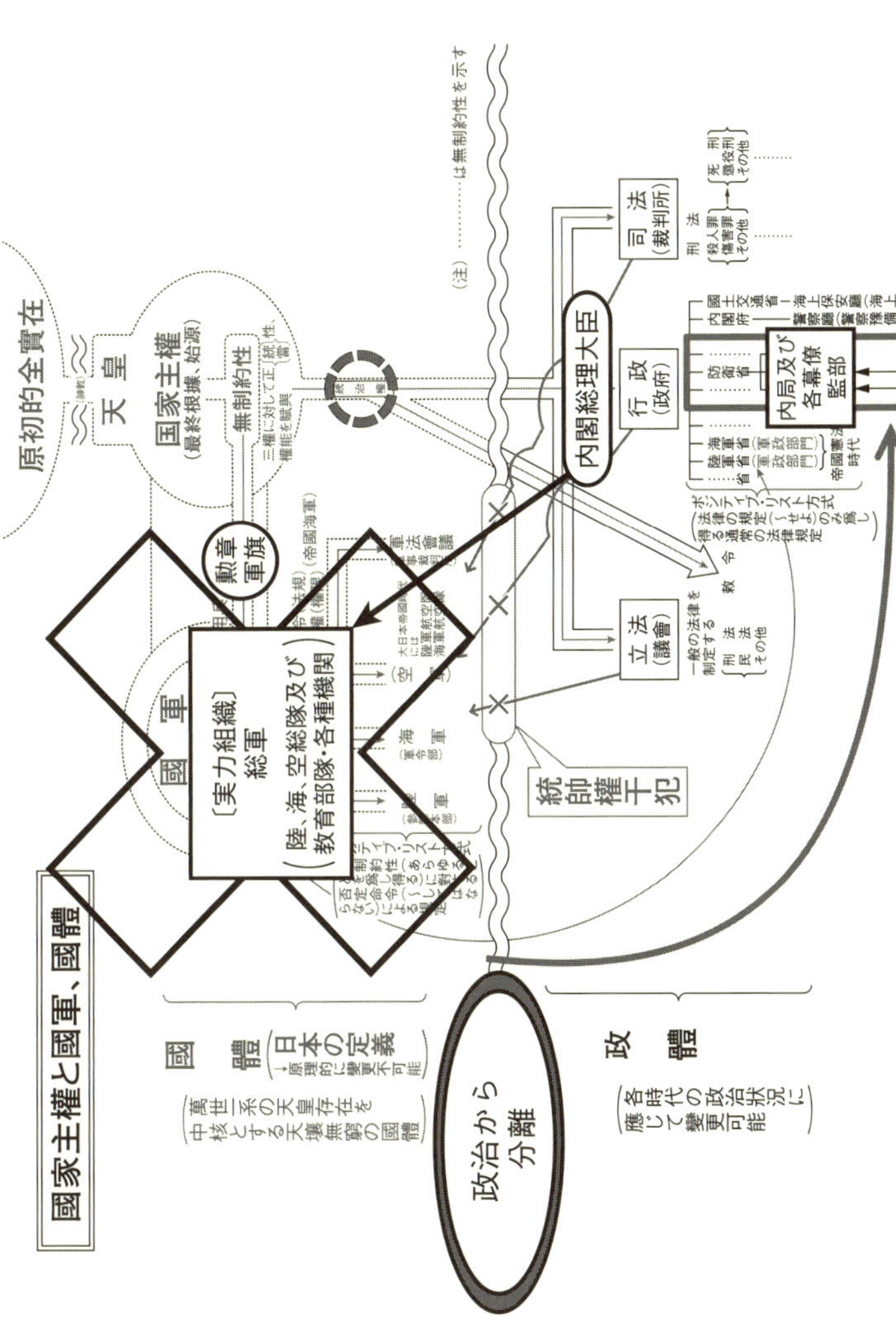

田中卓郎『日本國體』平成26年11月26日版「國家主權と國軍、國體」より（著者一部加筆　※参照時はP52の図と比較してください。）

束ねる上部組織がありません。そこで「陸自総隊（仮称）」を新設し、これらをさらに三軍を束ねた「総軍」という実力組織を新設するのです。

指揮官はそれぞれ「自衛艦隊司令官」「航空総隊司令官」「陸上総隊司令官」とし、その上は「総軍司令官」と呼称し、軍令部門の指揮をとらせます。（Ｐ１８３図参照）

そして各種式典には首相が先導して天皇（皇族）をお迎えし、四幕僚長はこれに随行します。こうして部隊指揮官である「総軍司令官」は、天皇ご臨席の上で首相に逐次報告し部隊（観閲式展）を統率するのです。

現在の自衛隊法第二章「指揮監督」には、

《内閣総理大臣の指揮監督権》

第七条　内閣総理大臣は、内閣を代表して自衛隊の最高の指揮監督権を有する。

（防衛大臣の指揮監督権）

第八条　防衛大臣は、この法律の定めるところに従い、自衛隊の隊務を統括する。ただし、陸上自衛隊、海上自衛隊又は航空自衛隊の部隊及び機関（以下「部隊等」という。）に対する防衛大臣の指揮監督は、次の各号に掲げる隊務の区分に応じ、当該各号に定める者を通じて行うものとする。

一　統合幕僚監部の所掌事務に係る陸上自衛隊、海上自衛隊又は航空自衛隊の隊務　統合幕僚長
二　陸上幕僚監部の所掌事務に係る陸上自衛隊の隊務　陸上幕僚長
三　海上幕僚監部の所掌事務に係る海上自衛隊の隊務　海上幕僚長
四　航空幕僚監部の所掌事務に係る航空自衛隊の隊務　航空幕僚長

（幕僚長の職務）
第九条　統合幕僚長、陸上幕僚長、海上幕僚長又は航空幕僚長（以下「幕僚長」という。）は、防衛大臣の指揮監督を受け、それぞれ前条各号に掲げる隊務及び統合幕僚監部、陸上自衛隊、海上自衛隊又は航空自衛隊の隊員の服務を監督する。
2　幕僚長は、それぞれ前条各号に掲げる隊務に関し最高の専門的助言者として防衛大臣を補佐する。
3　幕僚長は、それぞれ、前条各号に掲げる隊務に関し、部隊等に対する防衛大臣の命令を執行する》

と明記されていますが、各幕僚長から隊務を「総軍」に移管しその上に天皇の御存在と「総軍」が加わるだけですから、問題なく移行できるでしょう。

現在はメディアも「防衛省・自衛隊」と呼称していますが、それは「防衛省設置法に基づく

国の行政機関としての側面からの名称が「防衛省」であり、防衛省は「内部部局として大臣官房、防衛政策局、運用企画局、人事教育局、経理装備局及び地方協力局を、審議会等として防衛人事審議会及び防衛調達審議会等を、施設等機関として防衛大学校、防衛医科大学校及び防衛研究所を、特別の機関として防衛会議、統合幕僚監部、陸上幕僚監部、海上幕僚監部、航空幕僚監部、陸上自衛隊、海上自衛隊及び航空自衛隊等を、地方支分部局として八つの地方防衛局を置く」とされていて、行政組織法上はこれらすべての機関が防衛省の一部なのですが、創設時からマスコミなどは「特別の機関」である陸海空自衛隊を除いた部分、つまり、内部部局のみを防衛省と呼ぶことが多かったのです。

そして実動部隊である軍事組織の「自衛隊」と区分してきていましたから、国民は理解しづらかったと思います。こういう点でも防衛事業が混乱を招いた原因の一つだと思いますが、改編後は軍政部門と軍令部門に明確に分離しますから、すっきりするのではないでしょうか?

（2）防衛大学校の改革

①防大校長の理想像

次は軍隊を構成する重要な柱である幹部自衛官（これも「〝将補〟等という現行階級呼称と同様に、陸・空軍将校、海軍士官と変えるべきですが）を育成する防衛大学校も、民主的雰囲気を保ちつつも、今より軍事面を強化する必要があると思います。つまり「軍学校」であるのに、学校の主要幹部が、役人等であっていいのか？という問題です。

旧軍時代は言わずとも陸海軍とも軍事専門家であり体験を積んだ錚々《そうそう》たる人物が、校長などを務めていましたが、戦後は〝民主化〟特に旧軍と一線を画すという機運が強く、特に反軍的であった吉田茂首相はその点を強調したといわれています。

そこで初代校長には、小泉信三氏らの推挙で、慶應義塾大学出身の槇智雄氏が選ばれましたが、私たち防大の一桁期の出身者にとっては、カリスマ的人望を持った教育者でした。

十年間という約束？で引き受けられたようですが、十年目、ちょうど私たち七期生が四学年だった時に、防大は創設十周年を迎えました。しかし、後任者選出が上手くいかなかったようで、槇校長は一九五二（昭和二十七）年八月から一九六五（昭和四十）年一月まで、十三年間も在任されました。

そのため、ご自身が計画しておられた学問研究が出来なくなり、非常に残念がっておられたといいます。それにしても創設から十三年間も勤めるというのは、相当なご苦労があったはずであり、ある意味で政府の犠牲者ではなかったか？と思います。

そこで参考までに歴代校長を紹介しておくことにします。

2代：大森　寛：一九六五（昭和四十）年一月～一九七〇（昭和四十五）年七月　前職　陸上幕僚長（非軍人・内務官僚）
3代：猪木正道：一九七〇（昭和四十五）年七月～一九七八（昭和五十三）年九月　前職　京都大教授
4代：土田國保：一九七八（昭和五十三）年九月～一九八七（昭和六十二）年三月　前職　警視総監
5代：夏目晴雄：一九八七（昭和六十二）年三月～一九九三（平成五）年九月　前職　防衛事務次官
6代：松本三郎：一九九三（平成五）年十月～二〇〇〇（平成一二）年三月　前職　慶應大教授
7代：西原　正：二〇〇〇（平成十二）年四月～二〇〇六（平成十八）年三月　前職　防衛大教授
8代：五百籏頭眞《いおきべ》：二〇〇六（平成十八）年八月～二〇一二（平成二十四年）三月　前職　神戸大教授
9代：國分《こくぶん》良成：二〇一二（平成二十四）年四月～　前職　慶應義塾大学教授

防大六期卒の柿谷勲夫元陸将補は「自衛隊が国軍になる日（展転社、二〇一五年刊）」の中で、防大校長の在り方について、「国防の本義を忘れた反国家的学者」を国防士官学校トップに据えたが、「軍人の名誉があってこそ、軍人は任務を全うできるのだ」「軍学校に軍未経験者が適応できるのか？」と大意、次のような苦言を呈しています。

《兵役は神聖な義務であり、もし、主権国家が生き延びようとしても軍事力がなければ国はいずれ滅びる。カルタゴも、カルタゴを滅ぼしたローマも、国防を傭兵に頼っているうちに蛮族の侵略から身を守ることが出来なかった。

日本はまっとうな軍事力がないためアメリカに依存せざるを得ないが、果たして何時までこんなことを続けているのか。

憲法を改正しない限り、日本は「普通の国」にさえなれない。それは自明の理だが、国防の中枢を担い将来の防衛を率いる防衛大学ですら、驚くべし。まともな国防教育がされていない》

彼が言わんとするところは、「命がけの任務を遂行したことがない一学者が、命を賭けて部下を指揮する士官を養成する学校のトップがつとまる筈がない」というにあると私は理解しました。

それは、例えば空自のパイロットを錬成する航空団のトップが、パイロットでないと状況がつかめず判断を誤りかねない点に似ています。

ただ、航空団は戦力を養成して、有事に方面隊司令官に提供するのが任務ですから、まだ良いとして、航空戦力を運用する司令官が、操縦経験がない場合には、効果的な戦力発揮に疑問が出ます。勿論、戦闘機以外にミサイルやレーダーサイト、更には物資を適時適切に配分する任務がありますから、操縦がすべてだとは言わぬまでも、平時における緊急事態発生時にも間髪を入れた指示が必要ですから、操縦かんを握ったことがない司令官だと、一刻を争う事態に決断できないことが生じます。

ですから米空軍では航空団司令には必ずパイロットがつくことになっています。その観点からしても、私は将来の三軍の将校（士官）になるべき防大生に、身を挺して国家に尽くすという精神教育はもとより、実際の体験がものを言うと思うのです。

その点で、陸上自衛官として貴重な体験を積んだ柿谷先輩の指摘は値千金だと思います。

ジャーナリストの宮崎正弘氏は「本書は国防の本義を論じた得難い書物である」と推挙していますが、世界各地を自らの足で見て回り、鋭い情勢分析をする宮崎氏ならではの意見でしょう。防大校長にも、野営や遠泳や、空中感覚などを通じた武器使用体験が必要ではないでしょうか？　そうすれば、学生はおのずと校長の姿から何かを感じ取るものです。軍事程「机上の空論」が通用しない世界はないのです。

防大のＨＰには、「学校長挨拶」が出ていますが、「自衛隊の活躍」として３・11の東日本大震災以後の自衛隊の活躍で、防大が注目された、とか、「自衛隊の役割」で、「本来の任務は国防です」と断ったうえで、自衛隊は「目に見えないところで日本を守り、支えており…ＰＫＯ（平和維持活動）や人道支援、災害復興支援などの国際貢献の面でも危険と背中あわせの中で努力を重ね、国際的評価も上がってきて…近年注目される「人間の安全保障」といってもいい…活動も一般の生活の中で注目されるわけではありませんが、時間をかけて地道に蓄積してきた成果であります。私は自衛隊がこのような歴史の中で培ってきた積み重ねの実績と資産が、いまようやく陽の目を浴び、評価されているのだと思います」などと、何となく「防衛白書」的な文章で、我が国の文化と伝統を守るという決意が感じられないのですが、私の考えすぎかもしれません。細部はＨＰをお読みになれば、その〝雰囲気〟が理解できると思います。

②愛国心、愛民族心よりも「孤高を望む？」防大学生歌

ここで少し柔らかい話をしたいと思います。旧軍時代には「軍歌」がもてはやされました。陸軍士官学校や海軍兵学校の正式な校歌を私は知りませんが、陸軍の将来のエリートを養成した「陸軍幼年学校」には、「歩兵の本領」という〝愛唱歌〟がありました。今でも陸上自衛隊で歌い継がれていますが、

「万朶《ばんだ》の桜か襟の色　花は吉野に嵐吹く　大和男子《おのこ》と生まれなば　散兵綫の花と散れ」という
あの有名な軍歌です。

この歌はやがて将校のみならず一般兵士らに歌い継がれるようになり、「兵士の歌」になっていきました。

「同期の桜」はまるで海軍兵学校の校歌であったかのように有名で、私も防大時代は良く歌いましたし、今でも歌います。

しかし戦前戦中に於いて国民に広く親しまれていた「軍歌」は、やがて戦意高揚と収益を意図した新聞社などが募集するようになりましたから、戦後は〝同好の士〟だけが歌う一般にはなじみが薄いものに変化しています。

しかし、甲子園球場で毎年行われる全国高校野球大会では「出場校の校歌」が演奏され、勝っても負けても学生らは涙にむせびながら高唱しますが、それほど「校歌」は若者たちの心に響くものです。

軍歌もそうで、将兵は過酷な戦場に於いても軍歌を歌って困難に耐えました。歌はその意味でも学生たちや兵士らに強い影響を与えるものです。

私は、伝統ある福岡の修猷館《しゅうゆう》高校で学びましたが、今でも「修猷館歌（校歌）」を忘れてはいません。歌詞はこうです。

1、西の御空《みそら》に輝ける　星の徴章《しるし》よ永久《とことわ》に
光栄《はえ》ある成績《いさお》飾らんと　海の内外陸《くが》の涯《はて》
皇国《みくに》の為に世の為に　盡す館友幾多《いくそばく》

2、常盤《ときわ》の松の百道原《ももちばら》　集へる健児一千人
青春の血は玄海の　荒き怒涛と湧き立ちて
久遠《くおん》の理想を望みつつ　いそしみつとめん文に武に

3、猷《みち》を修《おさむ》と名に負ふも　やがて至誠の一筋ぞ
ああ剛健の氣を張りて　質朴の風きたへつつ
向上の路《みち》進み行き　我等の使命を果たしてん

一七八四（天明四）年、有名な天明の大飢饉の翌年、徳川家治時代に、黒田藩の藩校「東学問稽古処修猷館」として開設され、一八七一年の廃藩置県で一時藩校としての幕を閉じますが、一八八五年に「福岡県立英語専修修猷館」として再興、一八八九年に「福岡県立尋常中学修猷館」と改められました。今年で創立二三〇年を迎えた修猷館高校は、一貫して〝リベラルな校風〟の元、自由人を多く輩出してきたとされています。

ところでわが母校・防衛大学校の校歌（田崎英之作詞・須摩洋朔作曲）はこうです。

1、海青し太平の洋《なだ》　緑濃し小原の丘辺
学舎は光輝よひ真理《まこと》の道の故郷《ふるさと》
丈夫《ますらお》は呼び交ひ集ひ　朝《あした》に忠誠《まこと》を誓ひ
夕《ゆうべ》に祖国を思ふ　礎《いしずえ》ここに築かん
あらたなる日《ひ》の本《もと》のため

2、そびえたつ若人の城　みはるかす人の巷は
風荒《すさ》み乱れ雲飛び　ゆくてに波さかまくも
丈夫は理想も高く　朝に勇智を磨き
夕に平和を祈る　礎ここに築かん
あらたなる日の本のため

これも実に素晴らしい歌詞だと思います。特に戦後、まだ経済も十分回復していなかった頃の、将来の国防を担う青年に対する〝要望と期待〟があふれているように感じます。

今でも、同窓生が集まると、最後に必ずと言っていいほど全員が肩を組み、老いも若きも斉

唱するのですから、戦後生まれの防大＝自衛隊の根幹をなす、将校の精神にしみこんでいると考えて間違いありません。

「強いて言うならば〝軍人精神〟が欠如しているのでは？」という方もいますが、確かにそう言われてみれば、世情を反映してか何となく「孤高の精神？」が漂っているように感じます。

歌詞の一番で、「忠誠を誓い、祖国を思う礎をここに築かん」それは「新たなる日本のため」とされ、二番では「人の巷は風荒み　乱れ雲が飛び行く手に波が逆巻いていても」我々防大生は「理想も高く勇智を磨き平和を祈り」「新たなる日本のため」に尽くそうではないか！となんとなく国民と乖離しているかのように受け止められるからでしょう。

歴史と伝統が長い修猷館高校の歌詞の様に、「海の内外陸の涯まで、皇国の為に世の為に盡す館友」とか、「勤しみ努めん文に武に」等とは、当時は言えなかったことでしょうからやむを得ないと思いますが……。

③　一般大学募集要項と変わらない防大の募集要項

そこで改めて旧陸士・海兵にとってかわった防大の募集要項を見てみましょう。

防衛大学校のＨＰによれば、「一般大学募集要項と変わらない防大案内」が掲載されていますから、確かに物足りないと感じる方もいるでしょう。意識的に旧軍と一線を画していると思われるからです。

「防大設立の目的」には、「本校は、将来陸上・海上・航空各自衛隊の幹部自衛官となるべき者の教育訓練をつかさどるとともにそれらに必要な研究を行う防衛省の施設等機関です」とされてはいますが、防大の特色と学科構成にはこうあるのです。

●特色

防衛大学校は多くの魅力ある特色を持っています。その主なものを以下に掲げます。

1、人社系三分野、理工系十一分野にわたる多様な専攻分野の選択が可能。
2、図書館、実験設備、運動施設など、全国有数の優れた教育環境。
3、授業料免除、衣食住は国費で。さらに学生手当て月額約十万九千四百円（平成二十六年四月現在）。
4、約十人の外国人講師を含む充実した英語教育。
5、学生数一割相当の選抜優秀学生に対する海外士官学校短期留学の機会。
6、教官約三五〇人による少人数教育とマンツーマンの卒業研究指導。
7、毎日二～四時間の自習時間、平均一・五時間のクラブ活動の確保。
8、学生各自所有のパソコンとつながった校内ＬＡＮシステムの完備。

9、徹底した情報処理教育。

10、開校記念祭（パレード、棒倒しなど）、国際士官候補生会議、他大学生との学生シンポジウム、卒業ダンスパーティなど、他大学では見られない多彩な学生行事。

11、夏、秋、冬期に集中的に実施する訓練。戦車、艦艇、戦闘機などに試乗する、他大学にはない体験。厳しさの中にも楽しいスキー訓練なども。

12、八キロ遠泳、四〇キロ夜間行進、富士登山などにより心身ともにタフさを練成し、自己の限界に挑戦する機会。

13、学生舎生活、クラブ活動（校友会）を通しての楽しい学生生活と真の友情を築く機会。また指導力の養成にも。

14、大学院に相当する「研究科（博士・修士課程）」を設置。

15、総理、防衛大臣が参列する卒業式、任官宣誓式、観閲式。

●学科構成

防衛大学校には、専攻分野に当たる十四学科があります。

受験生は、人文・社会科学専攻、理工学専攻の区分を選んで受験しますが、入校後、一学年の末に人文・社会科学専攻学生は人社系三学科、理工学専攻学生は理工系十一学科の中から、

一つの学科を選択します。その際、各学生の希望や成績などが考慮されます。（学部名は省略）

●「防衛大学校の理念と使命」

《防衛大学校は、昭和二七年（一九五二年）、その前身となる保安大学校として誕生し、昭和二九年に防衛大学校に改名し、翌三〇年に現在の小原台に移転して現在にいたっております。

本校は第二次大戦後、吉田茂首相の発案によりその構想が始まり、吉田と親しかった小泉信三元慶應義塾長の推挙により槇智雄慶應義塾大学法学部教授が初代の学校長に就任いたしました。現在にいたるまでの本大学校の基礎を創り上げたのは、まさにこの槇智雄初代学校長の時代であります。彼の崇高な理念と強力なリーダーシップのもとで、本校は戦前と一線を画し、陸・海・空の幹部候補を一緒に教育するという民主主義時代の新たな士官学校としてスタートいたしました。

我々は、この実績と資産をさらに大きく確実なものとしなければなりません。有為で使命感に溢れるリーダーを確実に社会に供給し続けること（傍線は筆者。以下同じ）、それが防衛大学校に課せられた我々の責務です。必ずしも、我々が社会を先導するわけではありません。我々の役割は、日本というかけがいのない祖国とそこに住む人々の独立と平和と安全を、最後の一線で守り抜くことです。

一般の大学では、学生たちは大学生活を通して自分の人生を考え、それを就職活動などで生かそうとします。しかし実際には今日の就職難の中で、自分自身を見失いそうになることも多いのが実情です。防衛大学校はそれとはまったく異なります。卒業後の仕事、というより使命（ミッション）が明確であります。日本という国家と日本人の独立・平和・安全を守ることであります。これは崇高な使命であります》

意地悪く読めば、一般大学と違って〝就職活動は無用です〟と強調しているように感じるのですが……。

●「実り豊かな学生生活」

《近年、防衛大学校は入学制度の多様化を進めることで、全国からさまざまなタイプの学生を集める努力を展開しております。また本校は、優れた施設・設備の中で充実した教育制度と学生生活を実現すべく、教職員が一体となって継続的に改革を行っております。

厳しい各種の訓練や規律習得があることも事実ですが、多様な専攻と授業科目、少人数教育による徹底指導、充実した英語教育、遠泳・スキー・パレード・棒倒し・ダンスパーティなど、他校には見られないバラエティに富む学校行事、数多い海外派遣や短期留学の機会、多様な校友会（クラブ・サークル）活動等々、普通の大学生活では味わえない充実感に満たされることは間違いありません。そして最後には、総理大臣と防衛大臣が参列する卒業式が待っているのです。

防衛大学校は東京湾と富士山を望む三浦半島・横須賀の小原台に位置しています。都心からそれほど離れていないにもかかわらず、自然環境が非常に豊かで、最高の教育環境といってもいいでしょう。すばらしい教育・研究・訓練施設の中で、優秀な教育スタッフ、真摯で熱情あふれる訓練教官、学校と学生への思いにあふれる職員に囲まれ、防衛大学校の学生諸君は必ずや生涯忘れられない青春時代を過ごすことになるでしょう。

今後とも、防衛大学校はこれまでの実績と経験の蓄積のうえにさらなる努力を重ね、日本の将来の平和と安全のために前途有為な人材を輩出することに邁進いたします》

というのですから、私には、受験生が減り始めて必死に勧誘している私立大的内容に感じられます…。

更に防大は平成三年に女子学生に〝門戸〟を解放し、平成四年四月に入校する女子学生一三名の合格者（推薦）を公表しました。「男子上回る狭き門」などとメディアは話題にしましたが、武器を扱い生死をかける組織に適しているか否かについて、十分検討されたものかどうか若干気になりますが、ここでは論じません。

いずれにしても軍学校にはもう少し「軍学校らしい特色」があっていいのではないでしょうか？

終わりに

平成二十七年は戦後七十年の節目でした。終戦後、表に出なかったような戦争の秘話も数多く出現しましたが、この様な現象を見るにつけ、私には未だに大東亜戦争は終結していないと思われてならないのです。

この七十年間、創設された自衛隊も多くの先人たちの努力で、小粒ながら精強な軍事力を持つ組織に成長しました。しかし臆病で事勿れの政治に振り回された結果、肝心要の芯が揺れ動いていて、実力を発揮できないままでいます。

実力発揮とは何も「戦争をする」ということではありません。国家の厳然たる組織体として、十分な力量が発揮されていないからもったいない！ということです。

国際平和に貢献する、と称して派遣された部隊も、奇妙な国内法に束縛されていて、実力が発揮できないばかりか、同じ現場で協力し合っている外国の部隊と旨く連携が取れないので奇妙な軍隊という誤解さえ招いているのです。

ですから折角大きな成果を上げても、政府が期待したほどの感謝はされないのです。これでは派遣した意味もないといえるでしょう。

国内でもそうでしたが、我々は創設時から各種の〝不都合な宿命〟を自覚していましたから、ひたすら誹謗中傷に耐えてきました。

平成七年一月十七日、阪神淡路大震災が発生しましたが、時の村山総理は「何せ初めてのことで…」とテレビを見つめるだけでした。

平成二十三年三月十一日、巨大地震と大津波が東北地方を襲いました。自衛隊は既定方針通り、直ちに出動しましたが、全く実情に無知な首相が、いきなり十万人出動を命じましたから、作戦計画は混乱しました。

これが「シビリアン・コントロール」の実態だったのです。

3・11の時は私は既にOBでしたから何の役にも立てませんでしたが、有事には〝このこと〟つまり「指揮不在」になる恐れがあることを危惧していました。そしてとうとう現実のものになってしまったのです。

犠牲者には相済まないことですが、これが他国からの侵略だったら、この国はどうなっていたでしょうか？

これ以降、自衛隊に対する国民の認識は確かに変わりましたが、のど元過ぎれば熱さを忘れるのが人間の常です。二度とこのような事態を起こしてはならないのですが、現状の選挙制度では、とても期待できそうにありません。ではどうするか。

諸悪の根源は占領憲法にある事は、今回の集団的自衛権を巡る論争ではっきりしましたが、いきなり「憲法改正」を手掛けるほどの勇気ある政治家は見当たりません。

政治家には継続して勇気を求めたいと思いますが、少なくとも本格的な憲法改正の前に出来ることをやっておくべきだと思うのです。

法律改正だけで可能かどうかは分かりませんが、自衛隊という実力組織を「時の政治」に左右されないところに置き、更に「警察の物理的に巨大なものとしての地位」しか与えられていない現状を打破すべきだと思うのです。

つまり現状と変わるのは、各種式典には天皇（皇族）をお迎えし、首相がご案内する。四幕僚長はこれに随行、部隊指揮官は天皇隣席の上首相に逐次報告し部隊指揮（観閲式典）を統率することとするのです。

三島由紀夫は「国体を守るのは軍隊であり、政体を守るのは警察である。政体を警察力を以て守りきれない段階に来て、はじめて軍隊の出動によって国体が明らかになり、軍は建軍の本義を回復するであろう」と言いました。

日本の軍隊の建軍の本義とは、「天皇を中心とする日本の歴史・文化・伝統を守る」ことにしか存在しないのである」とも言いましたが、戦後七〇年を経た今、改めて真剣に考察してみる必要があると思います。

多くの参考資料を羅列しましたが、それは前述したようになるべく貴重な意見や資料に直接触れ、作者（筆者）の真意を理解していただこうと思ったからです。資料を提供してくださった方々、ご指導くださった方々に改めて御礼申し上げます。

平成二七年九月　西東京の寓居にて　佐藤守

●参考資料：憲法改正試案

「大日本帝国憲法改正私擬」（里見岸雄著・解説：金子宗徳・里見日本文化学研究所長）

ちやうど時期を同じくして、ＧＨＱが帝国憲法の改正に向けた準備を始めてゐるとの報道があり、日共が改正案の概要を発表するなどの動きも見られた。そこで、里見も翌昭和二十一年一月にかけて改正試案をまとめ、「憲法改正案私擬」を完成させた。

これは、「国体」・「政体」・「大権」・「臣民権利義務」・「帝国議会」・「国務大臣政府」・「司法」・「財政会計」・「其他諸機関」・「補則」の十一章計百三条からなるもの。国体および天皇に関する部分を以下に摘録する。

第一章　国　体

第一条　大日本帝国ハ万世一系ノ天皇之ヲ統治ス

第二条　皇位ハ皇室典範ノ定ムル所ニ依り皇男子孫之ヲ継承ス

第三条　皇位ハ神聖ニシテ侵スヘカラス

第四条　天皇ノ身体及名誉ハ之ヲ冒涜干犯スルコトヲ得ス

第二章　政　体

第五条　主権（又ハ国権）ハ国家ニ帰属シ統治権ハ天皇之ヲ固有ス

第六条　天皇ハ国ノ元首ニシテ主権ヲ総攬シ（又ハ国権ヲ総覧シ）此ノ憲法ノ条規ニ依リ之ヲ行フ

第七条　国民ハ（天皇ノ臣民ニシテ）統治権ニ服シ此ノ憲法ニ依り自主的ニ大政ヲ翼賛ス

第八条　国家ノ根本機関ハ政府、帝国議会、選挙院、司法裁判所、会計検査院、行政裁判所、憲法審議院、国体審議会、官公吏監視委員会及国事裁判所トナシ法律ヲ以テ構成ヲ定メ各独立シテ天皇ニ直隷ス憲法審議院長ハ国事裁判所長ヲ兼ヌルコトヲ得

第九条　摂政ハ天皇ノ名ニ於テ統治権ヲ行フ摂政ヲ置クハ皇室典範ノ定ムル所ニ依ル

第三章　大　権

第十条　天皇ハ祭祀並ニ儀礼ヲ司ル

第十一条　天皇ハ国務大臣ノ奏聞スル所ニツキ、或ハ裁可シ或ハ修正シ或ハ拒否ス

第十二条　天皇ハ政府又ハ国務大臣ヲ問責ス

第十三条　天皇国民ノ救済ニ関シ特旨ヲ以テ立法セントスルトキハ政府ニ命シ法律案ヲ議会ニ提出セシム　コノ法律案ハ特ニ奉勅タルコトヲ明カニシ単ナル政府提出案ト区別ス

第十四条　天皇ハ官吏ヲ任免ス
第十五条　天皇ハ栄典ヲ授与ス
第十六条　天皇ハ大赦特赦減刑及復権ヲ命ス
第十七条　天皇ハ教学ノ大本ヲ指導シ且ツ之ヲ奨励ス
第十八条　天皇ハ天災若クハ非常ノ災害並ニソノ他ノ事情ニ基ク国民ノ困窮ニ対シ特ニ救済ヲ命スルコトアルヘシ
第十九条　天皇ハ帝国議会ノ開会ニ際シ臨幸ス天皇親臨スル能ハサルトキハ勅命ヲ以テ皇族臨席ス
第二十条　天皇ハ法律上並ニ政治上ノ責ニ任セス

内容的には大日本帝国憲法第一章と重なる点が多いけれども、「国体」・「政体」・「大権」と章を別にすることで、国家統治の本質に関はる部分と統治権の運用に関はる部分を明確に分離した。また、皇位継承については、伏見宮系皇族の臣籍降下前といふこともあり、男系男子による継承を前提としてゐる。

加へて、大日本帝国憲法に存在しなかった「主権」の所在に関する規定を第五条で定めることにより、大日本帝国憲法下における天皇機関説論争の再来を防いだ。

当然のことながら、武装解除を定めたポツダム宣言との関係で統帥に関する条項は存在しない。一方、天皇の教学大権を定めた第十七条や天皇統治に対する国民の主体的翼賛が定められた第七条など天皇の精神的権威に関する条項が付加されてゐる。

なほ、第八条にある「国体審議会」であるが、「国体問題ニ関シ重大ナル紛議ヲ生シタルトキ之ヲ審理解決ス」るもので、「会長ハ皇族トシ国務総理大臣副会長ニ任ス委員ハ官民中ヨリ国体問題ニ造詣アル者ニツキ政府之ヲ任命ス」と第九十九条に定められてをり、帝国憲法下における枢密院と皇族会議の性格を併せ持つものと云へようか。

第四章以下で興味深いのは首相任命手続きに関する規定。帝国憲法には「国務各大臣ハ天皇ヲ輔弼シ其ノ責ニ任ス」（第五十五条）とあるだけで、首相任命に関する規定は存在しなかった。それに対して、この「私擬」では「国務大臣ハ国務総理大臣及国務各大臣ニ分ツ国務総理大臣ノ候補者ハ勅問ニ依リ国民投票ヲ以テ奉答選出ス最高得点者及次点者ヲ当選者トシ当選者ノ中勅旨ヲ以テ親任ス国務各大臣ハ国務総理大臣ノ奏請ニ依リ親任ス」（第六十一条）とされ、内閣における首相の指導権が明確化されるとともに、準公選とも云ふべき制度が規定されてゐる。首相の指導力不足が軍部・官僚の暴走を招いた歴史的経緯を踏まへ、一般国民の支持と天皇の権威とによって首相の権威を補強すべきと考へたのだらうか。

二月一日、里見は政府憲法調査委員会の委員長を務める松本蒸治国務大臣に面会し、「私擬」

を手交した。松本は政府案の策定は大詰めだが出来る限り参考にしたいとの意向を明らかにする。二月八日、松本は「憲法改正要綱」をＧＨＱに提出したが、既にマッカーサー三原則を基にケーディスらにより起草作業が進められてゐた。その草案は二月十三日に示されたが、天皇の地位が「人民ノ主権意思ヨリ承ケ之ヲ他ノ如何ナル源泉ヨリモ承ケス」〔第一条〕とされるなど、天皇を中心とする国体の空無化を図るものであった。（以下省略）

《「国体文化＝占領下の里見岸雄」日本国体学会（平成二七年八月号）から》

佐藤　守（さとう まもる）
防衛大学校航空工学科（第7期生）卒業後、航空自衛隊に入隊。戦闘機パイロット（総飛行時間3,800時間）を務める。外務省国連局軍縮室に出向。三沢・松島基地司令・南西航空混成団司令（沖縄）を歴任し、平成9年退官。NPO法人岡崎研究所理事・特別研究員。軍事評論家。主な著書に『戦闘機パイロットという人生』『お国のために 特攻隊の英霊に深謝す』（青林堂）『実録・自衛隊パイロットたちが目撃したUFO 地球外生命は原発を見張っている』（講談社＋α新書）

安保法制と自衛隊

平成27年11月19日　初版発行

著　者　佐藤　守
発行人　蟹江　磐彦
発行所　株式会社 青林堂
〒150-0002 東京都渋谷区渋谷3-7-6
電話 03-5468-7769
印刷所　美研プリンティング株式会社

ISBN978-4-7926-0534-6 C0030

http://www.garo.co.jp